R. Kalyani
I. S. Hephzi Punithavathi

Segmentação de imagens com tecnologia Blockchain

R. Kalyani
I. S. Hephzi Punithavathi

Segmentação de imagens com tecnologia Blockchain

Uma abordagem segura e transparente

ScienciaScripts

Cover image: www.ingimage.com

This book is a translation from the original published under ISBN 978-620-7-65221-1.

Publisher:
Sciencia Scripts
is a trademark of
Dodo Books Indian Ocean Ltd. and OmniScriptum S.R.L publishing group

120 High Road, East Finchley, London, N2 9ED, United Kingdom
Str. Armeneasca 28/1, office 1, Chisinau MD-2012, Republic of Moldova, Europe
Managing Directors: Ieva Konstantinova, Victoria Ursu
info@omniscriptum.com

Printed at: see last page
ISBN: 978-620-8-52294-0

Índice

1. Introdução à segmentação de imagens

Uma imagem é dividida em vários segmentos ou regiões para simplificar a sua representação, torná-la mais compreensível e facilitar a análise. Este processo é conhecido como segmentação de imagens e é essencial para a visão computacional e a análise de imagens. Para uma análise e interpretação mais precisas da imagem, cada segmento ou região corresponde normalmente a um determinado objeto ou parte de um objeto dentro da imagem.

Na visão computacional, a segmentação de uma imagem em vários segmentos ou regiões com significado é uma operação básica conhecida como segmentação de imagens. Uma análise e interpretação mais aprofundadas são possíveis devido ao facto de cada segmento da imagem representar um objeto diferente ou uma parte de um objeto.

Exploração pormenorizada dos principais aspectos da segmentação de imagens e da sua importância em várias aplicações:

O objetivo da segmentação de imagens é dividir uma imagem em segmentos de acordo com padrões de semelhança como a cor, a textura ou a intensidade. Ajuda em tarefas de análise e reconhecimento precisas, isolando itens ou regiões de interesse dentro da imagem. Melhor compreensão: A segmentação melhora a compreensão e a interpretação de imagens, tanto por humanos como por máquinas, ao dissecar a entrada visual complicada em componentes mais simples.

Aplicações

A segmentação de imagens encontra aplicações em diversos domínios:

- **Imagiologia médica**: Segmentação de órgãos, tecidos e anomalias em exames médicos para diagnóstico e planeamento de tratamentos.
- **Veículos autónomos**: Identificação de objectos como peões, veículos e sinais de trânsito para ajudar na navegação e na tomada de decisões.
- **Imagens de satélite**: Analisar a utilização do solo, as alterações ambientais e a resposta a catástrofes através da segmentação de imagens de satélite.
- **Reconhecimento facial**: Segmentação de caraterísticas faciais para permitir o reconhecimento exato e a análise biométrica.

Principais etapas da segmentação de imagens

1. **Pré-processamento**:

- **Melhorar a qualidade da imagem**: Ajustar o contraste, o brilho e o equilíbrio de cores para melhorar a clareza visual e a extração de caraterísticas.
- **Redução de ruído**: Filtragem de ruído e artefactos que podem distorcer os resultados da segmentação, utilizando técnicas como a desfocagem gaussiana ou a filtragem mediana.

2. **Segmentação**:

- **Seleção de Algoritmos**: Seleção de algoritmos adequados com base nas caraterísticas da imagem e nos resultados de segmentação pretendidos.

2. Técnicas de segmentação de imagens

Na segmentação de imagens, são utilizados vários métodos para dividir uma imagem em regiões ou segmentos com significado. Estes métodos são essenciais para o reconhecimento de caraterísticas, objectos e limites nas fotografias, permitindo uma análise e compreensão mais aprofundadas.

1. Deteção de bordos

O objetivo da deteção de limites é localizar as fronteiras entre várias áreas de uma imagem com variações visíveis de cor ou intensidade. As margens estão frequentemente alinhadas com os limites dos objectos ou outras descontinuidades visuais.

Técnicas:

Operador Sobel: Calcula a magnitude do gradiente de uma imagem, enfatizando regiões com alta frequência espacial (bordas). Utiliza dois filtros convolucionais na imagem, um para encontrar arestas verticais e outro para arestas horizontais. Estes filtros realçam as variações de intensidade nas direcções horizontal e vertical.

- **Deteção de bordos canny**:

Um algoritmo de várias fases utilizado para detetar uma vasta gama de arestas em imagens. Etapas:

- **Desfoque Gaussiano**: Reduz o ruído e melhora as margens.
- **Cálculo do gradiente**: Determina o gradiente de intensidade da imagem.
- **Supressão de não máximos**: Reduz as arestas para garantir que apenas os píxeis de máximos locais são considerados como arestas.
- **Rastreamento de bordas por histerese**: Rastreia as arestas ligando os pixéis de arestas fortes e suprimindo as arestas fracas ou induzidas por ruído.

Por conseguinte, a deteção de bordos desempenha um papel crucial na segmentação, identificando áreas de interesse, que podem ser examinadas ou segmentadas utilizando diferentes métodos.

2. Região em crescimento

O crescimento de regiões é uma técnica de segmentação que começa a expandir regiões a partir de pontos específicos chamados pontos de semente, de acordo com critérios de semelhança estabelecidos. Consolida os píxeis em áreas maiores com caraterísticas semelhantes, como o brilho, a tonalidade ou o padrão.

Processo:

- **Seleção de sementes**: Um ponto ou região de semente é selecionado como ponto de partida para o crescimento da região.
- **Similaridade de pixels**: Os pixéis adjacentes são adicionados à região se cumprirem os critérios de semelhança (por exemplo, limiares de diferença de intensidade).
- **Expansão iterativa**: O processo é iterativo, aumentando a região até que não haja mais pixéis adjacentes que satisfaçam os critérios de semelhança.

Vantagens:

As áreas expandem-se de acordo com padrões de semelhança próximos, ajustando-se às alterações nos atributos da imagem. Isto requer poucos parâmetros e pode ser computacionalmente eficaz para tipos de imagem específicos.

3. Aprendizagem automática

Os métodos de aprendizagem automática, especificamente as CNN, transformaram a segmentação de imagens ao reconhecerem autonomamente padrões nos dados sem necessidade de programação manual.

Processo:

- **Fase de treino**: As CNNs são treinadas em conjuntos de dados anotados, em que cada imagem é rotulada com máscaras de segmentação de verdade.
- **Extração de caraterísticas**: A rede aprende representações hierárquicas de caraterísticas das imagens de entrada, capturando relações espaciais e informações semânticas.

- **Saída de segmentação**: Durante a inferência, o modelo treinado segmenta novas imagens através da previsão de etiquetas ou probabilidades de classe em pixels.

Tipos de modelos:

- **U-Net**: Popular para segmentação de imagens biomédicas, consiste num caminho de contração (codificador) para extração de caraterísticas e num caminho de expansão (descodificador) para localização precisa.
- **Máscara R-CNN**: Amplia o Faster R-CNN adicionando um ramo de segmentação, capaz de detetar objectos e gerar máscaras de segmentação ao nível do pixel.
- **DeepLab**: Utiliza a convolução atrous para manter a resolução espacial e capturar informações contextuais multi-escala.

4. Limiarização no processamento de imagens

A limiarização, um método fundamental no processamento de imagens, é utilizada para separar os pixéis em segmentos distintos, considerando os seus valores de intensidade. Torna uma imagem mais fácil de compreender, separando objectos ou áreas de interesse através da intensidade dos seus pixels.

1. **Valores de intensidade**: Cada pixel de uma imagem em tons de cinzento tem um valor de intensidade que varia entre 0 (preto) e 255 (branco). A limiarização seleciona um valor de limiar TTT para classificar os pixels em dois grupos:
    - Os pixels com valores de intensidade inferiores a TTT são atribuídos a um grupo (por exemplo, primeiro plano).
    - Os pixels com valores de intensidade superiores a TTT são atribuídos a outro grupo (por exemplo, fundo).
2. **Tipos de limiares:**

Limiarização de cinzento-bilevela

O limiar exato para o histograma da imagem pode ser eficazmente determinado pela função de aptidão Kapur, amplamente utilizada. A limiarização de dois níveis (BLT) binariza o primeiro e o segundo plano de uma imagem utilizando um único valor de limiar.

Seja uma imagem composta por 'G' níveis de cinzento de intensidade máxima e os seus intervalos de {0, 1, 2, ..., (G-1)}.

Definição da distribuição de probabilidade dos valores de intensidade,

$$P_i = Q(i)/N, \quad (0 \leq i \leq (G - 1))$$

em que 'i' varia entre 0 e 255 e Q(i) indica o número de pixéis para o nível de cinzento G e N representa o número total de pixéis numa imagem.

$$N = \sum_{i=0}^{G-1} Q(i)$$

Maximizar a função objetivo por:

$$f(t) = F_0 + F_1$$

$$F_0 = -\sum_{i=0}^{t-1} \frac{P_i}{X_0} \ln \frac{P_i}{X_0}; \qquad X_0 = \sum_{i=0}^{t-1} P_i$$

$$F_1 = -\sum_{i=t}^{G-1} \frac{P_i}{X_1} \ln \frac{P_i}{X_1}; \qquad X_1 = \sum_{i=t}^{G-1} P_i$$

Assim, a entropia de Kapur consegue unificar o histograma para a segmentação de imagens a cinzento. Limiarização de cinzentos multinível

A BLT pode ser alargada à limiarização multinível (MLT). A MLT distingue com precisão o objeto desejado, encontrando mais valores de limiar do que um único valor de limiar cinzento. Esta função de aptidão indica a condição para a qual é atribuído um nível de intensidade a cada pixel (Cuevas et al. 2010). Extensão do conceito de Kapur para a limiarização multinível de imagens a cinzento:

Para um problema de otimização de k dimensões, 'k' limiares óptimos de uma imagem [t1, t2, ..., tk] para maximizar a função objetivo.

$$f([t_1, t_2, ..., t_k]) = F_O + F_1 + .. + F_k$$

onde

$$F_0 = -\sum_{i=0}^{t_1-1} \frac{P_i}{X_0} \ln \frac{P_i}{X_0}; \qquad X_0 = \sum_{i=0}^{t_1-1} P_i$$

$$F_1 = -\sum_{i=t_1}^{t_2-1} \frac{P_i}{X_1} \ln \frac{P_i}{X_1}; \qquad X_1 = \sum_{i=t_1}^{t_2-1} P_i$$

$$F_2 = -\sum_{i=t_2}^{t_3-1} \frac{P_i}{X_2} \ln \frac{P_i}{X_2}; \qquad X_2 = \sum_{i=t_2}^{t_3-1} P_i, \ldots$$

$$F_k = -\sum_{i=t_k}^{G-1} \frac{P_i}{X_k} \ln \frac{P_i}{X_k}; \qquad X_K = \sum_{i=t_k}^{G-1} P_i$$

Para um problema de otimização k-dimensional e para determinar "k" limiares óptimos para uma imagem de entrada considerada, a função objetivo é maximizada pelo método de entropia de Kapur. Assim, o método de Kapur tenta produzir valores de limiar iniciais finos maximizando a função de aptidão através de um vetor de k dimensões. A reconstrução da imagem segmentada é efectuada por k+1 níveis de cinzento.

Etapas envolvidas na limiarização

1. Conversão da imagem: Se a imagem for a cores, altere-a para tons de cinzento porque a limiarização funciona normalmente com imagens em tons de cinzento.

Operação de limiarização:

2. Representação de saída:

   - Após a limiarização, a imagem resultante contém normalmente pixéis binários (0 ou 1) que representam as áreas segmentadas (primeiro plano) e o fundo.
   - A saída pode ser utilizada para análise adicional, deteção de objectos ou extração de caraterísticas, dependendo da aplicação específica.

Aplicações de limiarização

1. **Segmentação de imagens**: Identificar e isolar objectos ou regiões de interesse dentro de uma imagem com base nos seus valores de intensidade.

2. **Extração de caraterísticas:** Extrair caraterísticas específicas de imagens, tais como arestas ou contornos, realçando regiões acima ou abaixo de determinados limiares de intensidade.

3. **Deteção de objectos:** Separar os objectos do seu fundo para facilitar os algoritmos de deteção de objectos.

4. **Análise de imagens biomédicas:** Analisar imagens médicas (por exemplo, ressonância magnética, tomografia computorizada) para detetar tumores ou anomalias com base em variações de intensidade.

Exemplo de limiarização

Considere uma imagem em tons de cinzento de uma paisagem com diferentes níveis de intensidade:

- **Seleção do limiar**: Selecionar um valor de limiar TTT, como 120.
- **Aplicação de limiar:** Classificar pixéis:
  - Os pixels com intensidade < 120 são considerados primeiro plano (branco).
  - Pixéis com intensidade ≥ 120 como fundo (preto).

Depois de aplicar a operação de limiarização, a imagem de saída mostrará regiões onde as intensidades dos pixels satisfazem os critérios especificados, segmentando efetivamente a imagem com base nos níveis de intensidade.

3. **Pós-processamento:**

   a. **Refinamento de segmentos**: Garantir a exatidão e consistência da segmentação através de técnicas como:

      i. **Operações morfológicas**: Ajustar os limites dos segmentos para se adaptarem às formas dos objectos.

      ii. **Fusão/divisão de regiões:** Combinação ou divisão de segmentos com base em critérios adicionais para melhorar a qualidade da segmentação.

      iii. **Remoção de ruído:** Eliminação de pequenos segmentos isolados ou pixels que não representam objectos significativos.

3. Desafios na segmentação de imagens

Apesar dos grandes progressos, a segmentação de imagens continua a ser uma tarefa difícil devido a vários factores. As imagens do mundo real são, por natureza, complicadas e diversas, com vários objectos, diferentes texturas e condições de iluminação variáveis, o que torna a segmentação precisa um desafio. O processo de segmentação torna-se mais difícil devido à presença de ruído e de artefactos nas imagens captadas por sensores, o que exige métodos eficazes de pré-processamento e de redução do ruído. A presença de oclusão e de objectos sobrepostos aumenta o nível de dificuldade, necessitando de algoritmos avançados para diferenciar as várias entidades numa imagem. A escalabilidade é essencial porque os algoritmos de segmentação têm de processar eficientemente grandes conjuntos de dados, como imagens de satélite e exames médicos. Além disso, é difícil avaliar a qualidade da segmentação porque não existem métricas universalmente aceites, embora métricas como a Intersecção sobre a União (IoU) e o coeficiente de Dice sejam frequentemente utilizadas. Além disso, a questão da complexidade computacional persiste, particularmente com abordagens de aprendizagem profunda que necessitam de recursos substanciais e podem ter de ser optimizadas para utilização em tempo real. É crucial enfrentar estes desafios para melhorar as técnicas de segmentação para várias aplicações em visão computacional e análise de imagens.

4. Visão geral da tecnologia de cadeia de blocos

A tecnologia Blockchain assenta em vários componentes-chave para garantir o seu funcionamento descentralizado, seguro e transparente. Fundamentalmente, uma cadeia de blocos é composta por blocos, sendo que cada bloco inclui um cabeçalho e um corpo.

O cabeçalho contém informações como a hora de criação do bloco, a referência hash do bloco anterior e um identificador único para o bloco atual. O corpo de cada bloco contém os dados ou registos reais da transação. É importante salientar que a cadeia de blocos utiliza o hashing criptográfico, em que uma função de hash transforma os dados de entrada numa cadeia de caracteres com um comprimento pré-determinado. Este hash serve como um marcador distinto para a informação, garantindo a sua exatidão e permitindo que quaisquer alterações sejam perceptíveis através da alteração do código hash. Os blocos são ligados uns aos outros numa cadeia, em que cada bloco contém o hash do bloco anterior, criando uma série de informação fiável e detetável. Em contraste com as bases de dados centralizadas tradicionais, a cadeia de blocos funciona numa rede descentralizada de nós (computadores), em que cada nó possui uma cópia completa da cadeia de blocos e participa na verificação das transacções e chega a acordo sobre o estado da cadeia de blocos. Mecanismos de consenso como Proof of Work (PoW), Proof of Stake (PoS) e Delegated Proof of Stake (DPoS) são usados para verificar transações e gerar novos blocos, garantindo o consenso entre os nós e mantendo a integridade do blockchain. Em conjunto, estes componentes suportam as caraterísticas revolucionárias da tecnologia de cadeia de blocos, proporcionando transparência, segurança e confiança em diversas aplicações em diferentes sectores.

Nós da cadeia de blocos

Um nó é um computador que está ligado à rede Blockchain. O cliente estabelece uma ligação entre o nó e a Blockchain. O cliente ajuda a verificar e a divulgar as transacções na Blockchain. Quando um computador se liga à Blockchain, uma duplicata da informação da Blockchain é descarregada para o sistema, colocando o nó atualizado com o bloco de dados mais recente da Blockchain. Os mineiros são os nós da cadeia de blocos que facilitam a execução das transacções, recebendo em troca um incentivo.

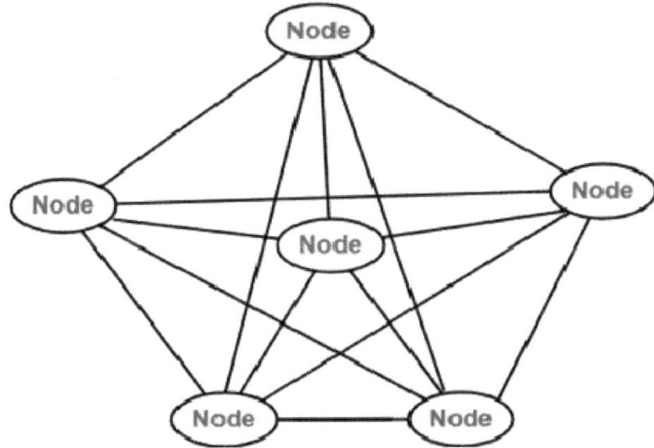

O hashing envolve a transformação de vários tipos de dados, como texto, números, ficheiros ou qualquer outro conteúdo, numa cadeia consistente de letras e números com um comprimento definido. Os dados são transformados em valores de hash de comprimentos fixos através de um algoritmo único conhecido como função de hash.

O crowdfunding é uma estratégia para recolher fundos de várias pessoas, como amigos, familiares, parentes e clientes para uma empresa.

Um empresário com uma ideia de negócio fantástica (os investidores -> recebem uma pequena recompensa).

1. O empresário deve registar-se no sítio Web de financiamento coletivo

2. Apresentar a ideia juntamente com as projecções da empresa

3. Montante mínimo de investimento de que necessita (aumento do montante?)

4. Projetar os benefícios para os investidores sobre o investimento

5. O empresário deve pagar uma determinada taxa ao sítio Web

6. As transacções são registadas na comissão de valores mobiliários para efeitos de transparência

Tipos de financiamento coletivo:

1. Financiamento coletivo baseado em donativos

   Os fundos para os projectos sociais são angariados através da sensibilização

2. Baseado em recompensas:

   Os investidores recebem efetivamente recompensas como cupões, presentes, bens e serviços

3. Financiamento coletivo de dívidas

   A empresa adquire o investimento através de dívida e tem de o devolver juntamente com os juros

4. Equit crowdfunding

   Os investidores recebem uma parte do capital da empresa pelo montante que investiram e tornam-se os proprietários da empresa.

5. Financiamento coletivo do sector imobiliário

5. Algoritmo de hash seguro

A SHA, um conjunto de funções de hash criptográficas, foi criada pela NSA e lançada pelo NIST. As funções SHA, como a SHA-256, são amplamente utilizadas na tecnologia blockchain, em assinaturas digitais e em várias aplicações de segurança.

1. **Preenchimento de mensagens:** O preenchimento é adicionado à mensagem de entrada antes do hashing para garantir que ela atenda a requisitos específicos. Este preenchimento extra envolve a adição de bits adicionais à mensagem para garantir que o seu comprimento é um múltiplo de 512 bits (64 bytes). A adição do comprimento da mensagem original em formato binário também é efectuada para garantir a integridade da mensagem.

2. **Divisão em blocos:** A mensagem almofadada é então dividida em blocos de tamanho fixo de 512 bits cada.

3. **Vetores de inicialização:** O SHA-256 utiliza constantes iniciais pré-determinadas, também chamadas de valores de hash iniciais ou vetores de inicialização, que estão embutidos no algoritmo. O SHA-256 utiliza oito valores de hash iniciais, que são palavras de 32 bits obtidas a partir das partes decimais das raízes quadradas dos primeiros oito números primos.

4. **Programação de mensagens:** A agenda de mensagens é formada pela divisão de cada bloco de 512 bits em dezasseis palavras de 32 bits. Estas palavras são sujeitas a um processamento adicional no algoritmo.

5. **Rounds da função de compressão:** O SHA-256 consiste em 64 rondas em que são efectuadas várias operações lógicas, como operações bit a bit (AND, OR, XOR), adição módulo 2^32 e rotações (deslocação de bits para a esquerda ou para a direita). Estes procedimentos misturam a informação de entrada com os valores de hash originais e os resultados das rondas anteriores.

6. **Constantes de ronda e expansão do calendário de mensagens:** O SHA-256 utiliza constantes distintas obtidas a partir das partes fraccionárias das raízes cúbicas dos 64 números primos iniciais em cada ronda. Estas constantes são adicionadas às palavras da agenda de mensagens para gerar novos valores para cada ronda.

7. **Cálculo de hash:** Durante as rondas de avanço, cada bloco de 512 bits passa por várias iterações da função de compressão. Quando o último bloco é processado, é produzido um hash de 256 bits. Este hash indica uma representação distinta e de tamanho constante da mensagem inicial.

8. **Saída:** O resultado final do processo de hashing SHA-256 é um hash de 256 bits. Uma pequena modificação na mensagem inicial causa um hash notavelmente alterado devido ao efeito de avalanche, em que pequenas alterações na entrada levam a hashes de saída muito diferentes.

"Olá, mundo!"

1. *Converter a mensagem em binário*: A comunicação deve ser transformada na sua forma binária. A mensagem é codificada convertendo o valor ASCII de cada carácter para a forma binária. Por exemplo,

- "H" em ASCII é 72, que em binário é 01001000.
- "e" em ASCII é 101, que em binário é 01100101.
- ...e assim por diante para cada carácter da mensagem.

Comprimento da mensagem: Determine o comprimento da mensagem em bits. Neste caso, "Olá, mundo!" tem 13 caracteres, o que, quando cada carácter é representado em 8 bits (assumindo ASCII), equivale a 104 bits (13 * 8).

Processo de enchimento:

- Acrescentar um bit "1" à mensagem. Este é sucedido por uma quantidade variável de bits "0" até que o comprimento da mensagem, juntamente com o 1-bit e os bits de enchimento, seja equivalente a 448 bits divididos por 512 (uma multidão de 512 bits menos 64 bits para representação do comprimento).
- Neste caso, depois de acrescentar o bit "1", a mensagem seria preenchida com bits "0" até o comprimento total atingir 448 bits.

Processo passo a passo:

1. Converter mensagem para binário: Como mencionado anteriormente, a mensagem "Olá, mundo!" está em representação binária e o seu comprimento é de 104 bits.

2. Acrescentar um único bit "1": Comece por acrescentar um único bit "1" à mensagem.

Mensagem original (em binário): "Olá, mundo!" O 01001000 01100101 01101100 01101100 01101111 00101100 00100000 01110111 01101111 01110010 01101100 01100100 00100001

Depois de acrescentar o bit "1": 01001000 01100101 01101100 01101100 01101111 00101100 00100000 01110111 01101111 01110010 01101100 01100100 00100001 1

3. Acrescentar bits "0" para enchimento:

A seguir ao bit "1", acrescenta-se bits "0" até que o comprimento da mensagem seja congruente com 448 bits, módulo 512. Neste caso, significa que o comprimento da mensagem, incluindo o bit "1" e o enchimento, deve atingir 448 bits, o que é 448 - 1 (para o "1" acrescentado) = 447 bits de "0".

Assim, depois de acrescentar o bit "1", adicionaria 447 bits de "0".

4. Representação do comprimento:

Depois de acrescentar 447 bits "0", inclui-se o indicador de comprimento da mensagem original. A mensagem binária inicial tem 104 bits de comprimento, pelo que a acrescentaria como uma representação de 64 bits.

Para o exemplo, o comprimento em binário (com um preenchimento de 64 bits) seria 00000000 00000000 00000000 00000000 00000000 00000000 00000000 00000000 00000000 01101000.

5. Mensagem final com preenchimento: Então, depois de todo o preenchimento:

Mensagem original: "Olá, mundo!" O 01001000 01100101 01101100 01101100 01101111 00101100 00100000 01110111 01101111 01110010 01101100 01100100 00100001 1

Bits "0" anexados: 447 bits de "0"

Representação do comprimento: 00000000 00000000 00000000 00000000 00000000 00000000 00000000 01101000

Representação do comprimento: Acrescentar o comprimento original da mensagem em binário como uma representação de 64 bits. Isto significa adicionar 64 bits que representam o comprimento original da mensagem antes do preenchimento.

- Para a mensagem "Olá, mundo!", com um comprimento de 104 bits, a sua representação binária (64 bits) seria adicionada no final da mensagem com enchimento.

Criação do bloco final: A mensagem com enchimento é então dividida em blocos de 512 bits para processamento posterior pelo algoritmo de hashing (como o SHA-256).

1. *Mensagem acolchoada*:

O preenchimento da mensagem "Olá, mundo!" envolve a adição do bit "1", o preenchimento com bits "0" e a inclusão da representação do comprimento para cumprir os requisitos.

Quebrar em blocos:

- De acordo com o processo de enchimento, toda a mensagem com enchimento (que inclui o bit "1", os bits "0" para enchimento e a representação do comprimento) pode ser dividida em blocos mais pequenos para processamento.

Neste cenário, após o preenchimento, uma mensagem com 104 bits de comprimento pode ser dividida em dois blocos: Bloco 1 com 64 bits e Bloco 2 com 40 bits.

Iterative Hashing:

- O algoritmo de hashing, como o SHA-256, processa estes blocos mais pequenos de forma iterativa e não como blocos fixos de 512 bits.
- O bloco 1 (64 bits) é submetido às operações do algoritmo de hashing, produzindo uma saída de hash com base nesses 64 bits.
- Segue-se o bloco 2 (40 bits), cujo cálculo de hash incorpora o resultado do hash do bloco anterior, continuando o processo iterativo.

Mecanismo de encadeamento:

O resultado do hash de cada bloco contribui para a entrada do processo de hashing do bloco seguinte, garantindo que o cálculo do hash de cada bloco é influenciado pelo resultado do bloco anterior.

Sequential Hashing:

- O algoritmo continua a fazer o hash sequencial destes blocos mais pequenos, com o resultado de cada bloco a influenciar o cálculo do hash do bloco seguinte.

Saída final do Hash:

- Depois de processar todos os blocos (Bloco 1, Bloco 2, etc.), o algoritmo produz uma única saída de hash final. Esse hash final representa toda a mensagem preenchida e é a representação de tamanho fixo da mensagem original.

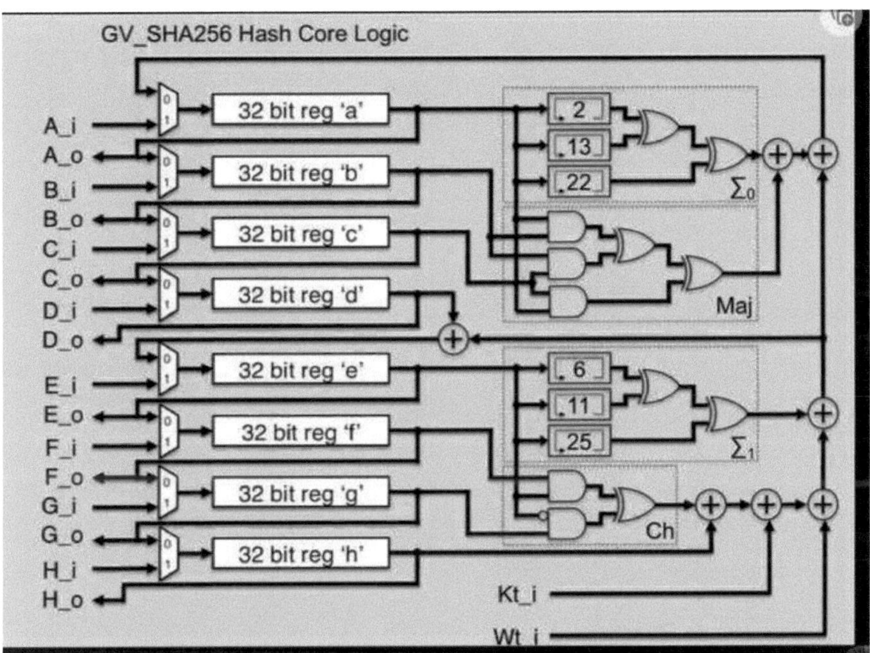

1. Ledger descentralizado e distribuído

Descentralização: Em contraste com os sistemas centralizados tradicionais, a cadeia de blocos funciona numa rede descentralizada de computadores, também conhecidos como nós, para armazenamento e gestão de dados. Cada nó possui uma réplica do livro-razão completo da cadeia de blocos, impedindo qualquer controlo centralizado ou avaria do sistema.

Ledger distribuído: Os blocos são utilizados para registar as transacções por ordem cronológica. Cada bloco é composto por um carimbo de data/hora, uma lista de transacções e uma ligação ao bloco anterior, criando uma cadeia conhecida como "blockchain".

2. Seguro e imutável

Segurança: A Blockchain utiliza métodos criptográficos para garantir a autenticidade e a proteção da informação. Cada transação é submetida a verificação e encriptação antes de ser incluída na cadeia de blocos, assegurando a sua resistência à manipulação.

Imutabilidade: Depois de uma transação ser incluída num bloco e anexada à cadeia de blocos, é impossível alterá-la ou removê-la posteriormente sem modificar todos os blocos seguintes. Os mecanismos de consenso entre os participantes da rede são o que garante a imutabilidade.

6. Criptografia

A criptografia é a formação e a investigação de estratégias para obter correspondência e informação de acesso e controlo não aprovados. Inclui a utilização de cálculos para codificar (converter numa estrutura codificada) e descodificar (converter de volta à primeira estrutura) dados, garantindo privacidade, fiabilidade e genuinidade. A criptografia atual depende de padrões numéricos complexos e cálculos computacionais, como cálculos de chave simétrica (por exemplo, AES) e cálculos de chave errônea (por exemplo, RSA), para proteger informações delicadas em diferentes aplicações, incluindo correspondências seguras, marcas computadorizadas e inovação de blockchain. Ao garantir que os principais beneficiários esperados possam acessar e verificar os dados, a criptografia assume um papel urgente na manutenção da proteção e da segurança na era computadorizada.

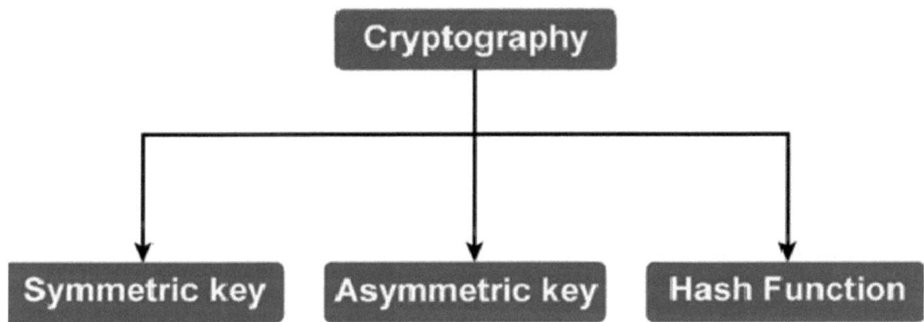

1. Criptografia simétrica

A criptografia de chave secreta, também designada por criptografia simétrica, utiliza uma única chave para encriptar e desencriptar dados. Isto implica que a chave secreta deve ser possuída e mantida confidencial tanto pelo emissor como pelo recetor.

Chave única: A mesma chave é utilizada tanto para encriptar como para desencriptar os dados.

Velocidade: Geralmente mais rápida do que a criptografia assimétrica devido a operações matemáticas mais simples.

Segurança: A segurança da criptografia simétrica depende do carácter secreto da chave. Se a chave for comprometida, os dados encriptados ficam em risco.

Algoritmos:

1. ***O AES, ou Advanced Encryption Standard***, é altamente utilizado e extremamente resistente em termos de segurança. O AES tem opções de chave de 128, 192 ou 256 bits, enquanto o DES tem uma chave de 56 bits e o 3DES melhora o DES aplicando o algoritmo três vezes a cada bloco de dados.

Casos de utilização:

Encriptação de dados em repouso (por exemplo, bases de dados, ficheiros).

Proteção dos canais de comunicação (por exemplo, SSL/TLS).

2. Criptografia assimétrica

A criptografia assimétrica, também conhecida como criptografia de chave pública, utiliza duas chaves: uma pública e outra privada. Os dados são encriptados utilizando a chave pública e desencriptados utilizando a chave privada.

Par de chaves: Envolve uma chave pública (partilhada abertamente) e uma chave privada (mantida em segredo). Segurança: Mesmo que a chave pública seja conhecida, a chave privada não pode ser facilmente obtida.

Complexidade: Geralmente mais lenta do que a criptografia simétrica devido a operações matemáticas mais complexas.

Algoritmos:

O RSA (Rivest-Shamir-Adleman) é um dos algoritmos assimétricos mais utilizados. Os tamanhos das chaves situam-se normalmente entre 1024 e 4096 bits. ECC (Elliptic Curve Cryptography - Criptografia de curva elíptica): Oferece níveis de segurança semelhantes aos do RSA, mas requer tamanhos de chave menores, resultando em cálculos mais rápidos e menor consumo de energia.

Casos de utilização: Troca segura de chaves (por exemplo, em SSL/TLS).

Assinaturas digitais (por exemplo, para garantir a integridade e a autenticidade dos dados).

3. Arrastamento

O hashing converte os dados de entrada, independentemente do seu tamanho, numa cadeia de caracteres com um tamanho definido que normalmente se assemelha a uma cadeia de caracteres aleatórios. O hashing é um tipo de função que só funciona num sentido, pelo que a informação original não pode ser recuperada a partir do valor de hash.

Pontos-chave:

Determinístico: O mesmo input produz sempre o mesmo output.

Tamanho fixo: A saída (hash) tem sempre um tamanho fixo, independentemente do tamanho da entrada. Irreversível: Não é possível reverter o hash para os dados originais.

Resistente a colisões: É difícil encontrar duas entradas diferentes que produzam o mesmo resultado de hash. Algoritmos:

MD5 (Message Digest Algorithm 5): Produz um hash de 128 bits. Rápido, mas considerado inseguro devido a vulnerabilidades.

SHA-1 (Secure Hash Algorithm 1): Produz um hash de 160 bits. Também considerado inseguro.

SHA-2 (Secure Hash Algorithm 2): Inclui SHA-256 e SHA-512, que produzem hashes de 256 bits e 512 bits, respetivamente. Seguro e amplamente utilizado.

SHA-3: O mais recente membro da família Secure Hash Algorithm, que oferece maior segurança.

Casos de utilização: Armazenamento seguro de palavras-passe (por exemplo, numa base de dados); verificações de integridade de dados (por exemplo, verificação da integridade de ficheiros); assinaturas e certificados digitais.

3. Mecanismos de consenso

Consenso: Os mecanismos de consenso são essenciais para as redes de cadeia de blocos para garantir que os nós concordam com a validação das transacções e a sua sequência na cadeia de blocos.

Tipos de consenso:

- **Prova de trabalho (PoW)**: Os nós (mineiros) têm de resolver puzzles matemáticos complexos para autenticar transacções e gerar novos blocos. A Bitcoin e a Ethereum utilizavam originalmente a Prova de Trabalho.
- **Prova de participação (PoS)**: Os validadores são selecionados em função da quantidade de moeda criptográfica que possuem e que comprometem como garantia. O Ethereum está a mudar de PoW para PoS.
- **Prova de participação delegada (DPoS)**: Emprega um sistema de reputação no qual as partes interessadas votam nos delegados que verificam as transacções. A DPoS é utilizada pela cadeia de blocos EOSIO.

4. Transparência e auditabilidade

Transparência: Todos os participantes na rede podem ver e ter conhecimento das transacções da cadeia de blocos porque são transparentes. Qualquer pessoa tem a possibilidade de ver o histórico completo das transacções, o que ajuda a criar confiança e a promover a responsabilização.

Auditabilidade: A estrutura descentralizada da Blockchain permite que auditores e reguladores verifiquem independentemente as transacções sem a necessidade de uma autoridade central.

5. Contratos inteligentes

Contratos inteligentes: Contratos que são executados automaticamente com regras e condições pré-determinadas codificadas em software. Quando se verificam condições específicas, executam e mantêm automaticamente os acordos contratuais, diminuindo a necessidade de intermediários e melhorando a eficácia.

6. Aplicações da tecnologia Blockchain

Criptomoedas: A tecnologia Blockchain suporta criptomoedas como a Bitcoin e a Ethereum, permitindo transacções diretas seguras entre pares sem necessidade de intermediários

Gestão da cadeia de fornecimento: Melhora a visibilidade e a responsabilidade nas cadeias de abastecimento, monitorizando os produtos do início ao fim, diminuindo a fraude e garantindo a qualidade.

Serviços financeiros: Permite pagamentos internacionais, acordos comerciais e movimentos de activos mais rápidos e seguros, reduzindo as despesas e aumentando a eficácia.

Cuidados de saúde: Melhora a compatibilidade dos dados, a segurança e o tratamento dos registos dos pacientes através do intercâmbio seguro de registos médicos entre profissionais de saúde.

Sistemas de votação: Os sistemas de votação aumentam a transparência e a segurança, impedindo a manipulação e garantindo uma contagem exacta dos votos.

Principais caraterísticas da cadeia de blocos

1. **Descentralização**: Descentralização: O Blockchain funciona numa rede peer-to-peer, eliminando a necessidade de uma autoridade central. Isto minimiza a possibilidade de um elo fraco e melhora a capacidade de recuperação do sistema.

2. **Imutabilidade**: Depois de os dados serem guardados na cadeia de blocos, não podem ser alterados ou removidos, a não ser que todos os blocos seguintes sejam modificados e a rede os aprove. Isto garante a integridade e a fiabilidade dos dados.

3. **Transparência**: A transparência implica que todas as transacções e entradas de dados sejam documentadas num livro-razão público, acessível a qualquer pessoa com acesso à cadeia de blocos. Isto incentiva a abertura e a responsabilidade.

4. **Segurança**: A segurança no blockchain é garantida pelo uso de métodos criptográficos para proteger os dados. Os dados são difíceis de manipular devido à sua estrutura descentralizada e métodos de acordo.

5. **Consenso**: A segurança no blockchain é garantida pelo uso de métodos criptográficos para proteger os dados. Os dados são difíceis de manipular devido à sua estrutura descentralizada e métodos de acordo.

6. **Contratos inteligentes**: Os contratos auto-executáveis, conhecidos como contratos inteligentes, têm os seus termos escritos diretamente no código. Eles aplicam e executam os termos do contrato automaticamente, conforme predeterminado.

7. Tipos de Blockchain

A tecnologia Blockchain aparece em diferentes versões concebidas para várias necessidades e utilizações. A Bitcoin e a Ethereum estão abertas ao público, proporcionando visibilidade através de transacções transparentes e uma forte descentralização sem uma autoridade central. As criptomoedas, as aplicações descentralizadas (DApps) e as plataformas financeiras descentralizadas (DeFi) dependem delas para o seu funcionamento. Por outro lado, as cadeias de blocos privadas, como a Hyperledger Fabric e a Corda, limitam a entrada a indivíduos aprovados, oferecendo visibilidade regulada e centralização supervisionada por um organismo de gestão. São utilizadas em aplicações empresariais, gestão da cadeia de fornecimento e partilha de dados entre organizações. As blockchains de consenso, como a Quorum e a R3 Corda, são controladas por várias entidades, oferecendo descentralização parcial e visibilidade restrita para os participantes do consórcio. Apoiam soluções adaptadas a indústrias e projectos específicos que envolvem colaboração. A Dragonchain é um exemplo de cadeias de blocos híbridas que combinam caraterísticas públicas e privadas para oferecer níveis adaptáveis de transparência e centralização, tornando-as ideais para sectores como a saúde, as finanças e os serviços governamentais que têm diferentes necessidades de privacidade de dados. Cada categoria satisfaz necessidades específicas, encontrando um meio-termo entre descentralização e governação de acordo com as necessidades e regulamentos organizacionais.

8. Integração da cadeia de blocos com a segmentação de imagens

Motivação para combinar a cadeia de blocos com a segmentação de imagens

1. **Segurança dos dados**: A segmentação de imagens lida frequentemente com informações delicadas, como imagens médicas, que necessitam de armazenamento e gestão seguros. A tecnologia Blockchain oferece uma plataforma segura e descentralizada para proteger os dados contra acesso e manipulação não autorizados.

2. **Integridade dos dados**: Manter a integridade das imagens segmentadas e das suas anotações é vital, particularmente em áreas como a imagiologia médica e a condução autónoma. A Blockchain assegura registos imutáveis, garantindo que os dados permanecem inalterados depois de registados.

3. **Transparência e rastreabilidade**: A cadeia de blocos garante a transparência em ambientes de colaboração com várias partes interessadas, como investigadores, hospitais e empresas de IA. Todas as transacções ou modificações são documentadas e podem ser seguidas, oferecendo um caminho de auditoria transparente.

4. **Descentralização**: As bases de dados centralizadas convencionais correm o risco de pontos únicos de falha. O aspeto descentralizado da Blockchain garante que não existe um único ponto de falha, aumentando a fiabilidade e a acessibilidade dos dados.

5. **Contratos inteligentes**: Podem simplificar as tarefas que envolvem a segmentação de imagens, como a validação da autenticidade dos dados, o controlo do acesso e o processamento automático de pagamentos pela utilização de dados.

Benefícios potenciais

1. **Segurança reforçada**: Os algoritmos criptográficos da Blockchain protegem os dados da imagem, impedindo o acesso não autorizado e a adulteração.

2. **Integridade de dados melhorada**: A natureza imutável da cadeia de blocos garante que, uma vez registados, os dados não podem ser alterados, assegurando a integridade dos dados.

3. **Transparência**: Todas as transacções são registadas na cadeia de blocos e podem ser auditadas por partes autorizadas, garantindo a transparência no tratamento dos dados.
4. **Gestão eficiente de dados**: Os contratos inteligentes podem automatizar muitos aspectos da gestão de dados, desde a verificação da autenticidade dos dados até à gestão dos direitos de acesso.
5. **Colaboração e partilha**: A cadeia de blocos pode facilitar a partilha segura e transparente de dados de segmentação de imagens entre várias partes interessadas, promovendo a colaboração e a inovação.
6. **Redução de custos**: Ao automatizar processos e reduzir a necessidade de intermediários, a cadeia de blocos pode reduzir os custos operacionais associados à gestão de dados.

Quadro concetual para a integração

1. **Aquisição e segmentação de dados**:
    - **Aquisição de imagens**: As imagens são adquiridas a partir de várias fontes (por exemplo, dispositivos de imagiologia médica, imagens de satélite).
    - **Processo de segmentação**: As imagens são segmentadas utilizando técnicas e algoritmos avançados de processamento de imagem.
2. **Configuração da rede Blockchain:**
    - **Configuração da rede**: É criada uma rede blockchain, incluindo nós que representam diferentes partes interessadas (por exemplo, hospitais, instituições de investigação, empresas de IA).
    - **Mecanismo de consenso**: É escolhido um mecanismo de consenso (por exemplo, prova de trabalho, prova de aposta) para garantir o acordo sobre os dados registados entre os participantes na rede.
3. **Armazenamento e gestão de dados:**
    - **Hashing e encriptação**: As imagens segmentadas e as suas anotações são submetidas a hash e encriptadas antes de serem armazenadas na cadeia de blocos.

- **Armazenamento de dados**: Os dados encriptados são armazenados na blockchain. Os dados reais da imagem podem ser armazenados fora da cadeia (por exemplo, num sistema de ficheiros distribuído como o IPFS), com a cadeia de blocos a armazenar apenas os hashes e os metadados.

4. **Contratos inteligentes para automatização:**

- **Controlo de acesso**: Os contratos inteligentes gerem o controlo de acesso, assegurando que apenas as partes autorizadas podem aceder ou modificar os dados.
- **Verificação de dados**: Os contratos inteligentes verificam a autenticidade e a integridade dos dados comparando os hashes armazenados na cadeia de blocos.
- **Pagamentos automatizados**: Os contratos inteligentes gerem pagamentos automáticos para a utilização de dados ou contribuições, garantindo uma compensação justa para os fornecedores de dados.

5. **Recuperação e análise de dados:**

- **Acesso aos dados**: Os utilizadores autorizados podem recuperar e desencriptar os dados da cadeia de blocos.
- **Análise de dados**: Os dados recuperados podem ser utilizados para análise posterior, treino de modelos ou validação em várias aplicações, como o diagnóstico médico, a condução autónoma, etc.

6. **Auditoria e conformidade:**

- **Pista de auditoria**: A cadeia de blocos fornece uma pista de auditoria completa e transparente de todas as transacções e modificações.
- **Verificação da conformidade**: Os registos imutáveis ajudam a garantir a conformidade com os requisitos regulamentares relacionados com a segurança e a privacidade dos dados.

9. Segmentação de imagens médicas

Numa situação de segmentação de imagens médicas, um hospital obtém inicialmente imagens médicas dos doentes, como exames de ressonância magnética. Estas imagens são divididas em segmentos de modo a identificar áreas específicas, como tumores, garantindo um exame e diagnóstico precisos. Posteriormente, as imagens separadas e as anotações correspondentes são codificadas com hash e encriptadas para preservar a confidencialidade e a integridade dos dados. Estes dados são armazenados numa cadeia de blocos juntamente com hashes e metadados, fazendo uso das suas caraterísticas seguras e descentralizadas para um armazenamento seguro. Ao mesmo tempo, os dados de imagem são armazenados num sistema de ficheiros descentralizado para um acesso e armazenamento eficazes. O acesso a estes dados é controlado por contratos inteligentes na cadeia de blocos, que autenticam os investigadores e os programadores de IA que solicitam acesso e concedem permissões se estas forem aprovadas. Os contratos inteligentes permitem efetuar pagamentos automáticos ao hospital e aos doentes para fins comerciais, garantindo uma compensação justa. As pessoas autorizadas podem aceder e analisar dados para criar modelos de IA ou realizar investigação em ambientes médicos. Todas as interações são registadas na cadeia de blocos para efeitos de transparência, garantindo a conformidade e a rastreabilidade dos dados.

Aplicações da Blockchain na segmentação de imagens

1. Imagiologia médica e cuidados de saúde

Gestão segura de registos médicos: A gestão eficaz de registos médicos é essencial no sector dos cuidados de saúde, sendo a segmentação de imagens um processo fundamental para a análise de imagens de diagnóstico, como raios X, ressonâncias magnéticas e tomografias computorizadas. A utilização da tecnologia blockchain permite o armazenamento seguro e a partilha destas imagens individualizadas no sector da saúde. Cada imagem dividida é encriptada e guardada na cadeia de blocos, garantindo a integridade e a natureza imutável dos dados. Esta técnica melhora a segurança ao encriptar os dados dos pacientes e restringir o acesso a pessoas autorizadas. Além disso, a natureza transparente da cadeia de blocos permite um registo facilmente rastreável, garantindo que quaisquer alterações às imagens médicas podem ser monitorizadas, mantendo assim um forte nível de confiança e adesão às leis de dados médicos.

A tecnologia Blockchain tem o potencial de apoiar os esforços de investigação colaborativa, permitindo a partilha segura e transparente de imagens médicas segmentadas entre várias instituições. Os investigadores têm a capacidade de aceder a uma base de dados descentralizada que contém imagens médicas, garantindo que os dados que utilizam são seguros e autenticados. Isto acelera a investigação médica e garante a atribuição de créditos e a rastreabilidade adequadas das contribuições, promovendo uma atmosfera de colaboração que pode resultar em grandes avanços na ciência médica.

2. *Veículos autónomos*

Integridade dos dados de treino: Uma vez que a segmentação de imagens ajuda na identificação e classificação de vários objectos à beira da estrada, é essencial para o desenvolvimento de veículos autónomos. Esses carros precisam de uma quantidade enorme de dados de treinamento, que podem ser gerenciados com a tecnologia blockchain. Os programadores podem garantir a autenticidade e a integridade dos dados armazenando as fotografias segmentadas na cadeia de blocos. Ao evitar a utilização de dados manipulados ou contaminados para treinar modelos de aprendizagem automática, este método cria sistemas de condução autónoma que são mais fiáveis e seguros.

Gestão descentralizada de dados de sensores: Vários sensores são utilizados por carros autónomos para recolher dados em tempo real para deteção de obstáculos e navegação. A tecnologia Blockchain pode oferecer uma plataforma descentralizada para esta gestão e verificação de dados de sensores segregados. Os dados tornam-se imutáveis e impenetráveis ao serem armazenados numa cadeia de blocos, garantindo que os sistemas de IA no carro estão a fazer julgamentos com base em informações fiáveis e corretas.

3. *Arte digital e NFTs*

Proveniência e propriedade: A segmentação de imagens pode ser aplicada ao domínio da arte digital para produzir obras originais através da separação e remontagem de vários componentes de imagem. Depois, para estas obras de arte divididas, podem ser criados Tokens Não Fungíveis (NFTs) utilizando a tecnologia blockchain. Uma imagem distinta e segmentada pode ser representada por cada NFT, e a cadeia de blocos regista de forma segura a propriedade e a proveniência de cada uma delas. Para além de garantir a legitimidade da arte digital, isto permite que os criadores sejam pagos através de contratos inteligentes sempre que a sua criação é revendida.

Prevenção de fraudes: Ao oferecer um registo visível e inalterável de todas as transacções relativas a uma obra de arte, a cadeia de blocos pode ajudar na prevenção de fraudes no mercado da arte digital. As fotografias segmentadas podem ser associadas a registos na cadeia de blocos para confirmar a autenticidade da peça e a sua proveniência, protegendo os consumidores e os artistas de falsificações.

4. Monitorização ambiental

Estudos da vida selvagem e do habitat: Na investigação ambiental, a segmentação de imagens é frequentemente utilizada para localizar espécies e os seus habitats. As fotografias segmentadas e os dados recolhidos a partir de sensores e câmaras distantes podem ser guardados em segurança e distribuídos entre investigadores de todo o mundo através da incorporação da cadeia de blocos. Isto garante que a informação é exacta e fiável para iniciativas de investigação e proteção ambiental a longo prazo.

Rastreamento de mudanças climáticas: Verificar e armazenar fotos de satélite segmentadas em blockchain é outra maneira de monitorar mudanças ambientais como urbanização, derretimento de geleiras e desmatamento. Como os registos da cadeia de blocos são imutáveis, os investigadores que estudam as alterações climáticas podem contar com dados precisos e fiáveis, o que ajuda os decisores a tomar decisões bem informadas com base em provas verificáveis.

5. Cidades e infra-estruturas inteligentes

Monitorização do tráfego e dos peões: A segmentação de imagens é utilizada em cidades inteligentes para acompanhar e controlar o tráfego de peões e veículos. Ao armazenar com segurança as fotografias segmentadas e os dados recolhidos de vários sensores e câmaras, a cadeia de blocos pode melhorar estes sistemas. Além de garantir a integridade dos dados, também oferece um registo transparente de todas as actividades, que pode ser utilizado para aumentar a segurança pública e otimizar os sistemas de gestão de tráfego.

Manutenção de infra-estruturas: Edifícios, estradas e pontes podem ter suas condições avaliadas com o auxílio da segmentação de imagens. Estas imagens segmentadas podem ser geridas com segurança e partilhadas entre as autoridades competentes, sendo armazenadas numa cadeia de blocos. Isto contribui para uma manutenção e reparação rápidas, prolongando a vida útil das infra-estruturas e evitando contratempos.

6. Agricultura

Monitorização e gestão de culturas: A agricultura de precisão usa a segmentação de imagens para rastrear a saúde das culturas, identificar doenças e fazer o melhor uso dos recursos disponíveis. Os drones e os satélites podem registar imagens segmentadas e dados relacionados numa plataforma transparente e segura que a cadeia de blocos pode oferecer. Isto garante dados precisos e não contaminados que são utilizados para informar as decisões agrícolas, melhorando a gestão e os rendimentos das culturas.

Transparência da cadeia de abastecimento: O caminho percorrido pelos produtos agrícolas desde a exploração agrícola até ao cliente pode ser monitorizado utilizando a tecnologia de cadeia de blocos. Em diferentes pontos da cadeia de abastecimento, podem ser registadas na cadeia de blocos fotografias segmentadas de culturas e produtos, garantindo a transparência e a entrega de produtos genuínos e de qualidade superior aos clientes.

10. Segurança e privacidade dos dados na segmentação de imagens

Garantir a segurança e a privacidade dos dados é essencial na segmentação de imagens, especialmente quando se trabalha com imagens sensíveis, como fotografias pessoais ou registos médicos. A tecnologia de cadeia de blocos oferece formas sólidas de melhorar a privacidade e a segurança. Examinamos a seguir como estes objectivos podem ser alcançados com a cadeia de blocos, juntamente com métodos de preservação da privacidade e a função dos contratos inteligentes no controlo do acesso.

Garantir a segurança dos dados com a cadeia de blocos

1. **Armazenamento descentralizado de dados**:
   - **Ledger distribuído**: Como a tecnologia blockchain é descentralizada, há menos hipóteses de uma violação de dados porque os dados não são mantidos num único local. Uma vez que cada nó da rede tem uma cópia de toda a cadeia de blocos, não podem ser efectuados ataques contra ela.
   - **Registos imutáveis:** Sem o consenso da rede, os dados adicionados à cadeia de blocos não podem ser removidos ou alterados. A integridade dos resultados da segmentação e dos dados de imagem é preservada devido a esta imutabilidade.
2. **Segurança criptográfica:**
   - **Hashing:** Para proteger os dados de imagem, são utilizadas funções de hash criptográficas. Cada segmento ou imagem é transformado num hash distinto que funciona como uma impressão digital. Qualquer modificação na imagem produziria um hash distinto, indicando imediatamente a manipulação.
   - o **Encriptação**: Antes de serem adicionados à cadeia de blocos, os dados podem ser encriptados para garantir que, mesmo em caso de acesso não autorizado, os dados são ininteligíveis sem a chave de desencriptação.
3. **Mecanismos de consenso:**
   - **Prova de trabalho (PoW)**: Protege a rede exigindo esforço computacional para adicionar novos blocos, dificultando a alteração de dados por parte dos atacantes.

- o **Prova de participação (PoS)**: Protege a rede exigindo que os validadores detenham e apostem tokens, alinhando os seus interesses com a segurança da rede.

4. **Controlo de acesso:**

- o **Blockchains com permissão**: O acesso a blockchains, sejam elas privadas ou de consórcio, pode ser limitado a participantes autorizados. Para garantir que apenas os utilizadores verificados podem adicionar ou visualizar dados de imagem, as permissões podem ser geridas.

Técnicas de segmentação de imagens com preservação da privacidade

A aprendizagem federada permite que várias partes, como hospitais e instituições de investigação, treinem conjuntamente modelos de aprendizagem automática sem partilhar dados sensíveis dos pacientes, em especial em técnicas avançadas de preservação da privacidade para segmentação de imagens médicas e aprendizagem automática colaborativa. Cada participante utiliza o seu próprio conjunto de dados para treinar o modelo localmente, e apenas trocam actualizações encriptadas do modelo que são combinadas para melhorar o modelo global. Este método melhora a privacidade ao utilizar a inteligência colectiva para aumentar a precisão do modelo numa variedade de conjuntos de dados, mantendo a natureza descentralizada e confidencial dos dados de imagem em bruto.

Ao introduzir ruído estatístico nos dados ou nos processos de aprendizagem, a privacidade diferencial proporciona uma camada adicional de segurança e garante que os dados dos doentes permanecem anónimos, mesmo nos casos em que os resultados agregados - tais como imagens segmentadas - são partilhados ou sujeitos a análise. Este método protege contra a identificação de indivíduos específicos em conjuntos de dados, mantendo as garantias de privacidade que são essenciais em ambientes de cuidados de saúde. Além disso, a encriptação homomórfica garante a confidencialidade de dados sensíveis durante o processo de segmentação, permitindo cálculos em dados de imagens médicas encriptadas sem necessidade de desencriptação. Garantindo a confidencialidade do paciente e a integridade dos dados, os utilizadores autorizados só podem aceder aos resultados finais, desencriptados. A Secure Multi-Party Computation (SMPC) facilita a segmentação cooperativa de imagens sem comprometer a confidencialidade dos conjuntos de dados individuais, permitindo que várias partes calculem conjuntamente funções sobre as suas entradas privadas. Isto melhora ainda mais os esforços de colaboração. Em conjunto, estas tecnologias de reforço da privacidade mantêm normas rigorosas de proteção de dados e facilitam a investigação e o desenvolvimento em colaboração na imagiologia médica.

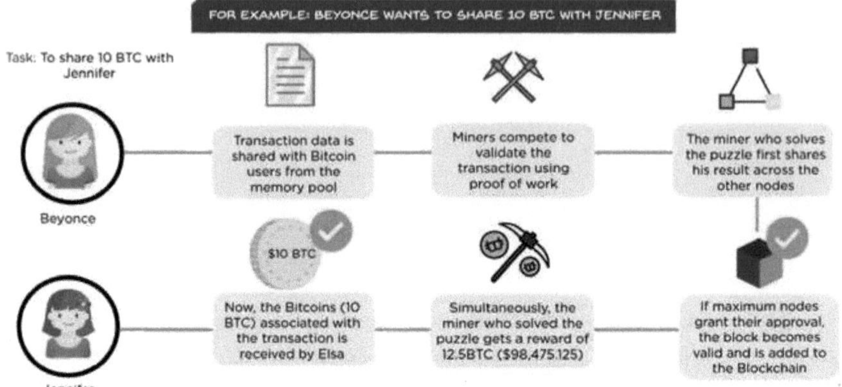

Utilização de contratos inteligentes para o controlo de acesso

1. ***Gestão automatizada de permissões:***

   o **Contratos inteligentes:** Acordos auto-executáveis em que os termos são codificados diretamente no código. São programáveis para controlar quem tem acesso aos resultados da segmentação e aos dados da imagem.

2. ***Controlo de acesso dinâmico*** Os contratos inteligentes garantem que apenas os utilizadores autorizados podem aceder a dados sensíveis, ajustando dinamicamente as permissões com base em regras ou condições predefinidas.

3. ***Partilha condicional de dados:***

   o **Acesso com base em funções:** Os contratos inteligentes têm a capacidade de implementar um controlo de acesso baseado em funções, permitindo a vários utilizadores diferentes graus de acesso de acordo com as suas funções e permissões.

   o **o Acesso condicional:** Dependendo da situação, como o fornecimento das credenciais adequadas ou a conclusão de uma tarefa, o acesso aos dados da imagem e aos resultados da segmentação pode ser restringido.

4. ***Auditabilidade e transparência:***

- **Registos transparentes**: A blockchain regista todas as modificações a uma permissão ou pedido de acesso, criando uma pista de auditoria imutável. A responsabilidade é assegurada por esta transparência, que também simplifica a auditoria de padrões de acesso.
- **Registos à prova de adulteração**: Uma vez que a tecnologia blockchain é imutável, os registos de acesso são inalteráveis e oferecem um histórico fiável de quem acedeu aos dados.

5. ***Interoperabilidade:***

- **Integração com outros sistemas**: As políticas de controlo de acesso podem ser automatizadas e aplicadas em várias plataformas através da integração de contratos inteligentes com outros sistemas e aplicações.
- **Compatibilidade entre cadeias**: Os contratos inteligentes podem melhorar a cooperação e a interoperabilidade, permitindo a partilha segura de dados entre várias redes de cadeias de blocos.

11. Armazenamento e partilha descentralizados de dados

A tecnologia Blockchain é utilizada no armazenamento e partilha descentralizados de dados para oferecer um método seguro, aberto e eficaz de gestão de dados. Ao eliminar a necessidade de servidores centralizados, este método melhora a segurança e a privacidade dos dados, reduzindo simultaneamente os riscos relacionados com pontos únicos de falha.

Soluções de armazenamento baseadas em cadeias de blocos

1. **IPFS (Sistema de Ficheiros Interplanetário)**:

   - **Visão geral**: O IPFS é um protocolo de hipermédia ponto-a-ponto que tem como objetivo aumentar a velocidade, a segurança e a abertura da Internet. Permite a partilha e o armazenamento de ficheiros num sistema de ficheiros distribuído para os utilizadores.
   - **Como funciona**: Os ficheiros são divididos em partes mais pequenas e é atribuído um hash criptográfico distinto a cada parte. Estas partes são dispersas pela rede e, utilizando o seu hash, o ficheiro original pode ser montado novamente.
   - **Benefícios**: Descentralização, resistência à censura, diminuição da duplicação de ficheiros e integridade dos dados através do endereçamento de conteúdos.

2. **Storj**:

   - **Visão geral**: Storj é uma plataforma de armazenamento em nuvem descentralizada que protege os dados usando criptografia de ponta a ponta e tecnologia blockchain.
   - **Como funciona**: Os ficheiros são dispersos por uma rede de nós, encriptados e divididos em partes mais pequenas. Para efeitos de redundância, cada componente é armazenado em vários nós. Depois de desencriptar e juntar as peças, os utilizadores podem recuperar os seus dados.
   - **Vantagens**: Mais segurança através de encriptação, redundância, armazenamento descentralizado e mais acessível do que o armazenamento em nuvem tradicional.

3. **Sia**:

- **Visão geral:** A Sia é uma rede descentralizada de armazenamento em nuvem onde os utilizadores permitem que outras pessoas utilizem o espaço nos seus discos rígidos que não estão a utilizar
- **Como funciona**: Os dados são divididos, encriptados e dispersos por vários anfitriões. A Sia garante a fiabilidade e a segurança utilizando contratos inteligentes para impor acordos entre anfitriões e utilizadores.
- **Benefícios**: Despesas reduzidas, segurança reforçada através de encriptação e transacções sem confiança através da tecnologia blockchain.

4. **Filecoin**

- Visão geral Filecoin é uma rede descentralizada de armazenamento que cria um mercado aberto para armazenamento em nuvem. Com a FIL, a sua criptomoeda nativa, fornece incentivos aos fornecedores de armazenamento.
- **Como é que funciona**: Para armazenar os seus dados na rede, os utilizadores têm de pagar em FIL. Ao fornecer espaço de armazenamento e obter arquivos mediante solicitação, os provedores de armazenamento - também conhecidos como mineradores - ganham FIL.
- **Benefícios**: Integridade dos dados, descentralização, incentivos financeiros para os fornecedores de armazenamento e um mercado de armazenamento competitivo.

12. Mecanismos seguros de partilha de dados

É necessário utilizar uma série de procedimentos e tecnologias cruciais para garantir uma forte segurança e integridade dos dados. Em primeiro lugar, a encriptação é essencial para proteger os dados que são transferidos e armazenados nas redes. A encriptação de dados garante a confidencialidade, mesmo no caso de serem interceptados durante a transmissão ou o armazenamento, porque torna as informações sensíveis ininteligíveis para partes não autorizadas. Esta medida de segurança fundamental é crucial para evitar potenciais violações de dados sensíveis, incluindo dados de investigação e registos médicos. Ao utilizar a tecnologia blockchain e contratos inteligentes para administrar e aplicar políticas de acesso rigorosas, os mecanismos de controlo de acesso aumentam ainda mais a segurança. Uma vez que a tecnologia blockchain é descentralizada, há menos hipóteses de acesso ou modificação não autorizada de dados, porque as permissões de acesso são registadas e verificáveis de forma transparente. Ao automatizar estas políticas de controlo de acesso, os contratos inteligentes permitem que apenas utilizadores autorizados - como investigadores ou profissionais de saúde - acedam ou alterem com segurança conjuntos de dados específicos de acordo com critérios pré-determinados.

A tecnologia Blockchain cria pistas de auditoria imutáveis que funcionam como um registo inviolável de todas as interações e transacções de dados. Uma vez que todos os acessos e modificações são registados em segurança numa cadeia sequencial de blocos, é praticamente impossível alterar ou remover registos no passado sem a aprovação da rede. Esta caraterística permite uma auditoria minuciosa e a conformidade regulamentar em ambientes de investigação e cuidados de saúde, para além de melhorar a transparência.

Ao utilizar credenciais verificáveis e identificadores descentralizados (DIDs), a gestão descentralizada da identidade melhora ainda mais a segurança. Ao permitir procedimentos de autenticação e autorização descentralizados de uma autoridade central, este método reduz a possibilidade de comprometimento ou de pontos únicos de falha. Ao garantir que os utilizadores mantêm a autoridade sobre os seus dados de identidade, os DID melhoram a segurança e a privacidade nas redes descentralizadas. Por último, garante-se que a integridade dos dados armazenados permanece intacta e inalterada através da verificação da integridade dos dados com recurso a hashes criptográficos. Os utilizadores podem verificar a integridade dos dados comparando os hashes antes e depois da transmissão ou do armazenamento, criando valores de hash únicos para cada conjunto de dados ou transação. Qualquer diferença nos valores de hash sugere que pode ter havido manipulação, o que exige investigação adicional ou a rejeição de dados comprometidos.

No seu conjunto, estas acções criam uma estrutura completa que garante a segurança, integridade e privacidade dos dados em áreas sensíveis como a investigação e os cuidados de saúde. As organizações podem reduzir os riscos de violações de dados, acesso não autorizado e adulteração através da integração de encriptação, controlos de acesso rigorosos, pistas de auditoria imutáveis, gestão descentralizada de identidades e verificação da integridade dos dados. Isto promove a confiança e a conformidade em ambientes orientados para os dados.

Estudos de caso de armazenamento descentralizado de dados de imagem

1. **Imagiologia médica**:

- **Cenário**: Para facilitar o diagnóstico, a investigação e a colaboração, os hospitais e os institutos de investigação têm de armazenar e trocar imagens médicas de forma segura.
- **Implementação:** As imagens médicas são armazenadas num sistema de armazenamento descentralizado, como o IPFS. Para garantir a integridade e a proveniência dos dados, os hashes e os metadados são registados numa cadeia de blocos (como a Ethereum).
- **Benefícios**: Incluem a segurança e a privacidade dos dados, a redução das despesas e o aumento da cooperação entre investigadores e profissionais de saúde.

2. **Condução autónoma:**

- **Cenário**: para treinar modelos de IA, os fabricantes de automóveis autónomos têm de armazenar e distribuir enormes quantidades de dados de imagem recolhidos a partir dos sensores do veículo.
- **Implementação**: Um sistema descentralizado como o Storj é utilizado para armazenar e encriptar dados. Os acordos entre empresas e investigadores relativamente à partilha de dados são automatizados e o controlo de acesso é gerido por contratos inteligentes.
- **Vantagens**: Proteção contra violações de dados, partilha simples de dados para o desenvolvimento de equipas e armazenamento seguro e eficaz de dados.

3. **Imagiologia geoespacial:**

- **Cenário**: O armazenamento e a partilha de imagens geoespaciais são necessários para as organizações envolvidas na agricultura, planeamento urbano e monitorização ambiental.
- **Implementação**: A gestão segura e aberta dos dados é assegurada pela combinação da cadeia de blocos para metadados e controlo de acesso com o IPFS para o armazenamento de dados.
- **Benefícios**: Integridade de dados melhorada, utilização de dados transparente e armazenamento descentralizado e seguro.

4. **Indústria criativa (fotografia e arte):**

- **Cenário**: Os artistas e os fotógrafos precisam de um local seguro para guardar e distribuir as suas criações digitais sem renunciar à propriedade.
- **Implementação**: A Filecoin e outras plataformas são utilizadas para armazenar obras de arte digitais. A cadeia de blocos é utilizada para registar a proveniência de cada peça e gerir os direitos de propriedade.
- **Benefícios**: melhor proteção da propriedade intelectual, rastreio seguro e claro da propriedade e possibilidade de gerar novos fluxos de receitas através de mercados baseados na tecnologia de cadeias de blocos.

13. Verificação e validação dos resultados da segmentação de imagens

Em domínios como os cuidados de saúde, em que a precisão é vital para o diagnóstico e as escolhas de tratamento, é crucial garantir a integridade e a precisão dos resultados da segmentação de imagens. Com uma variedade de técnicas de verificação, a tecnologia blockchain fornece mecanismos fortes para garantir a integridade dos resultados da segmentação. Em primeiro lugar, ao produzir valores de hash distintos para cada imagem segmentada e seus metadados, o hashing criptográfico oferece uma ferramenta fundamental.

Uma vez que estes hashes são mantidos em segurança na cadeia de blocos, quaisquer tentativas de adulteração podem ser identificadas. As partes interessadas podem confirmar a validade e a integridade dos resultados da segmentação comparando o hash armazenado com o hash atual, garantindo que os dados são consistentes e fiáveis ao longo do seu ciclo de vida. Além disso, os resultados da segmentação podem ser assinados usando a chave privada da organização que executa a segmentação usando assinaturas digitais, o que reforça ainda mais a integridade da segmentação. Esta assinatura serve como prova criptográfica da proveniência e integridade dos resultados, e é registada na cadeia de blocos juntamente com a chave pública relevante

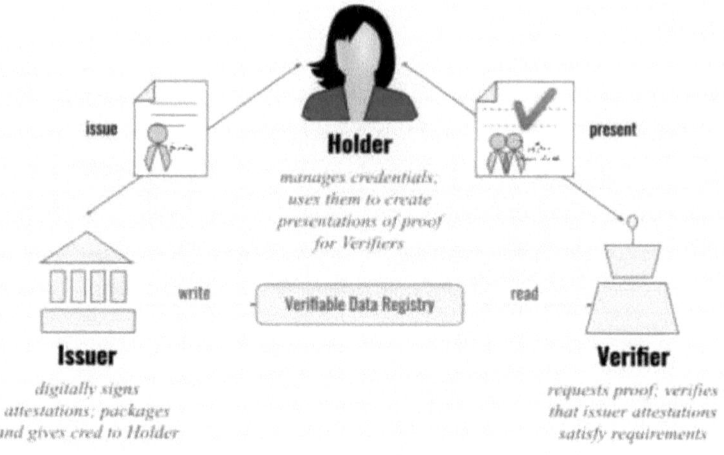

Verifiable Credentials (VCs)

1. **Processo de assinatura:**

    1. **Hashing:** Uma função hash criptográfica pega no conteúdo da mensagem e produz uma cadeia de caracteres de tamanho fixo (hash).

    2. **Chave privada:** O hash é encriptado utilizando a chave privada do remetente, criando a assinatura digital.

2. **Processo de verificação:**

    1. **Hashing:** O recetor utiliza a mesma função de hash na mensagem recebida, produzindo um hash.

    2. **Chave pública:** A chave pública do remetente é utilizada para desencriptar a assinatura, revelando o hash original.

    3. **Comparação:** O hash recebido e o hash desencriptado são comparados. Se coincidirem, a assinatura é válida, garantindo a integridade e a autenticidade da mensagem.

Componentes principais:

- **Chave privada:** Conhecida apenas pelo signatário e utilizada para criar a assinatura.
- **Chave pública:** Partilhada abertamente e utilizada por outros para verificar a assinatura.
- **Função Hash:** Gera uma saída única de tamanho fixo para qualquer entrada dada, garantindo a integridade da mensagem.

1. **Mensagem:** Pretende enviar a mensagem "Olá, sou eu!" ao seu amigo.
2. **Função Hash:** Utiliza-se uma função de hash (imagine-a como um misturador mágico) que transforma qualquer mensagem num código único de tamanho fixo. Digamos que para "Olá, sou eu!" o código é "ABC123".
3. **A sua chave privada:** Tem uma caneta especial que só você possui e que é utilizada para assinar mensagens secretamente.
4. **Criar a assinatura:**
    1. Utiliza a sua caneta especial (chave privada) para assinar o código "ABC123".
    2. A caneta faz algumas contas complexas, transformando "ABC123" numa assinatura única como "XYZ456".
5. **Enviar a mensagem**: Envia a mensagem "Olá, sou eu!" e a assinatura "XYZ456" ao seu amigo.
6. **Verificação pelo seu amigo:**
    1. O seu amigo recebe a mensagem e a assinatura.
    2. Têm acesso à tinta da sua caneta especial (chave pública) que pode decifrar as assinaturas.
    3. O teu amigo usa a caneta para verificar a assinatura. A caneta transforma "XYZ456" novamente em "ABC123".

7. **Verificação da integridade:**

    1. O amigo faz o hash da mensagem recebida "Olá, sou eu!" utilizando a mesma misturadora mágica.

    2. A misturadora mágica transforma "Olá, sou eu!" em "ABC123".

8. **Comparação:**

    1. O amigo compara o código "ABC123" recriado da mensagem com o código "ABC123" da assinatura decifrada. Se coincidirem, o seu amigo tem a certeza de que a mensagem não foi alterada e que foi enviada por si.

A tecnologia Blockchain também aborda a questão crítica da rastreabilidade dos resultados da segmentação. O rastreamento de proveniência armazena um histórico completo do processo de segmentação, começando com a imagem original e terminando com os resultados finais, utilizando o livro-razão imutável do blockchain. Devido à rastreabilidade fornecida por este registo transparente, as partes interessadas podem auditar e confirmar a linhagem dos dados sem depender de autoridades centralizadas. Além disso, as pistas de auditoria completas registam todas as operações realizadas nos dados da imagem, incluindo a segmentação, o pós-processamento e os passos de pré-processamento. Estes registos de auditoria, que são marcados com um carimbo de data/hora e mantidos em segurança na cadeia de blocos, produzem um rasto transparente e transparente das modificações de dados, melhorando a responsabilidade e a abertura ao longo de todo o processo de segmentação.

Os mecanismos de controlo de versões da cadeia de blocos melhoram ainda mais a fiabilidade dos resultados da segmentação. Pode ser criado um registo imutável de modificações ao longo do tempo, armazenando cada iteração dos resultados da segmentação como um bloco distinto na cadeia de blocos. Esse recurso garante a consistência e a integridade dos dados, simplificando o rastreamento do histórico de versões e permitindo que as partes interessadas voltem às versões anteriores, conforme necessário. As organizações podem reduzir o risco de discrepâncias de dados ou alterações não autorizadas, mantendo versões sincronizadas em todos os nós da rede blockchain. Isto promove a confiança e a fiabilidade nos resultados da segmentação para aplicações cruciais.

Por fim, a tecnologia blockchain fornece uma estrutura completa para confirmar e validar os resultados da segmentação de imagens com integridade, rastreabilidade e controlo de versões melhorados. O hashing criptográfico, as assinaturas digitais, o rastreio de proveniência, as pistas de auditoria e os registos imutáveis são algumas das formas como a cadeia de blocos garante que os resultados da segmentação permanecem precisos e fiáveis, ao mesmo tempo que cumprem os requisitos rigorosos de integridade dos dados em áreas delicadas como a investigação e os cuidados de saúde. Estes desenvolvimentos encorajam a responsabilidade e a transparência no tratamento de dados de imagens segmentadas, para além de fornecerem proteção contra a manipulação de dados e o acesso não autorizado.

14. Métodos de verificação baseados na cadeia de blocos

A tecnologia Blockchain oferece novas técnicas de verificação - contratos inteligentes, esquemas de várias assinaturas, consenso descentralizado e revisão por pares - que melhoram a fiabilidade e a credibilidade dos resultados da segmentação de imagens.

Contratos inteligentes para verificação automatizada: Um componente essencial da automatização dos procedimentos de verificação de resultados de segmentação são os contratos inteligentes. Esses contratos impõem diretrizes pré-estabelecidas e padrões de validação armazenados em blockchain. Por exemplo, eles podem confirmar se os resultados da segmentação correspondem a métricas de qualidade predeterminadas ou seguem procedimentos estabelecidos. A automatização garante a exatidão e a coerência na avaliação dos resultados da segmentação através da integração de regras de validação nos contratos inteligentes. Além disso, ao contrastar os resultados com os dados de referência ou com os dados de referência que estão imutavelmente armazenados na cadeia de blocos, os contratos inteligentes podem efetuar uma validação automática. Este método automatizado melhora a eficiência e a fiabilidade na verificação da precisão da segmentação, reduzindo a necessidade de supervisão humana.

***Mecanismos de consenso*:** As técnicas de consenso são usadas pelo blockchain para realizar a verificação descentralizada do resultado da segmentação. Ao garantir que vários nós em toda a rede concordem com a precisão e a validade das saídas de segmentação, esses mecanismos reduzem a possibilidade de vieses ou erros que vêm com a validação centralizada. Por meio de algoritmos de consenso como Delegated Proof of Stake (DPoS), Proof of Work (PoW) ou Proof of Stake (PoS), os nós executam independentemente algoritmos de verificação para validar coletivamente os resultados da segmentação. Quando uma maioria considerável de nós concorda com a precisão e a aderência dos resultados a padrões predeterminados, o consenso é alcançado. Este processo de verificação descentralizado melhora a transparência e a fiabilidade, o que é importante para aplicações em investigação médica ou diagnósticos que exigem elevada precisão e integridade.

Verificação com várias assinaturas: A verificação da segmentação ganha segurança e legitimidade adicionais com a validação colaborativa usando esquemas de várias assinaturas. De acordo com esse método, os resultados da segmentação não são considerados válidos até que sejam aprovados por várias partes interessadas ou autorizadas. As assinaturas de limite são uma caraterística dos esquemas de várias assinaturas que exigem uma quantidade mínima de assinaturas de validadores aprovados para garantir a precisão e a integridade dos resultados da segmentação. Esta abordagem colaborativa aumenta a confiança na validade e fiabilidade dos dados de imagens segmentadas armazenados na cadeia de blocos, ao mesmo tempo que garante uma revisão abrangente dos resultados por especialistas de várias áreas.

***Sistemas de revisão por pares e reputação*:** O Blockchain permite processos descentralizados de revisão por pares, nos quais os pares da rede avaliam e validam os resultados da segmentação. Utilizando o seu conhecimento e experiência no domínio, os pares podem oferecer recomendações, edições ou feedback; todas as revisões são registadas de forma transparente na cadeia de blocos. A fim de garantir que erros ou inconsistências sejam encontrados e resolvidos de forma cooperativa, esse procedimento descentralizado de revisão por pares incentiva a responsabilidade e a transparência na validação dos resultados da segmentação. Também é possível utilizar sistemas de reputação para classificar a reputação dos participantes de acordo com a forma como contribuíram para o processo de validação. A credibilidade e a confiança são promovidas na precisão e consistência dos resultados da segmentação dentro do ecossistema de blockchain por validadores com pontuações de reputação mais altas.

Em suma, as técnicas de verificação baseadas em blockchain utilizam mecanismos de consenso para verificação descentralizada, contratos inteligentes para aplicação e validação automatizadas de regras, esquemas de assinaturas múltiplas para endosso cooperativo e sistemas de revisão por pares para avaliação e entrada abertas. Em conjunto, estas técnicas melhoram a integridade, a fiabilidade e a credibilidade dos resultados da segmentação de imagens, tornando a tecnologia de cadeia de blocos uma base sólida para garantir resultados de dados de alta qualidade em domínios vitais como os cuidados de saúde, a investigação e outros.

O domínio da arte digital tem sido grandemente afetado pela tecnologia blockchain, principalmente devido à introdução da proveniência, escassez, propriedade e autenticidade através de NFTs (Non- Fungible Tokens). É assim que se relaciona com a arte digital:

1. **NFTs e propriedade digital:** Os tokens não fungíveis (NFTs) são tokens digitais distintos que significam a posse ou validam a legitimidade de um ativo digital específico, como música, filmes, obras de arte ou objectos de coleção. Na blockchain, cada NFT exclusivo oferece um meio de verificar a proveniência e a propriedade de obras de arte digital.

2. **Proveniência e autenticidade:** Um registo permanente e verificável da criação, propriedade e transacções de uma obra de arte digital é possível graças à natureza imutável e transparente da tecnologia blockchain. Isto garante que será simples rastrear e validar a proveniência e autenticidade da obra de arte.

3. **Dar poder aos artistas:** Sem a necessidade de intermediários, a tecnologia blockchain tornou possível aos artistas venderem as suas criações diretamente aos coleccionadores. Os artistas podem agora manter um maior controlo sobre as suas obras graças a estas novas oportunidades e fluxos de receitas.

4. **Mercados de arte:** Atualmente, existem vários sites e plataformas dedicados à compra, venda e troca de arte digital baseada em NFT. Estas plataformas utilizam a tecnologia blockchain para permitir transacções seguras e abertas. OpenSea, ArtBlocks, Zora, Rarible, SuperRare, Nifty Gateway e Async Art.

5. **Ultrapassar fronteiras:** Através da utilização de NFTs, a arte digital e os artistas podem agora chegar a audiências de todo o mundo, ultrapassando as limitações geográficas. A arte digital está disponível para ser possuída e apreciada por entusiastas e coleccionadores de arte de todo o mundo.

6. **Desafios e discussões:** Como algumas redes de blockchain requerem muita energia, o surgimento de NFTs na arte digital levantou questões sobre os efeitos ambientais. Também provocou discussões sobre a importância da arte digital e o lugar da tecnologia no mundo da arte.

Prova de trabalho: 500 kWh a 700 kWh.

Prova de participação: 50 kWh a 100 kWh por transação

Cardano, Algorand, Tezos (Proof of Stake): 0,01 kWh a 0,05 kWh

15. Papel dos mecanismos de consenso

Os mecanismos de consenso são essenciais para manter a eficiência, a segurança e a integridade das redes de blockchain. Isso é especialmente verdadeiro quando se trata de validar dados importantes, como os resultados da segmentação de imagens. Cada mecanismo oferece benefícios distintos, que são adaptados para atender a várias necessidades e situações operacionais.

Prova de Trabalho (PoW) Os nós têm de resolver puzzles matemáticos desafiantes, conhecidos como Prova de Trabalho (PoW), para validar transacções e acrescentar novos blocos à cadeia de blocos. O PoW garante a segurança e a integridade no contexto da verificação dos resultados da segmentação de imagens, dificultando a alteração dos dados sem exigir uma quantidade significativa de trabalho computacional. Devido a este elevado custo computacional, as actividades fraudulentas são desencorajadas e torna-se praticamente e economicamente impossível para os agentes maliciosos manipularem os resultados da segmentação. Como resultado, o PoW oferece uma forte segurança contra a manipulação, garantindo que apenas os resultados de segmentação verificados e autênticos sejam armazenados na blockchain.

Proof of Stake (PoS) Em contrapartida, o Proof of Stake (PoS) seleciona os validadores de acordo com a quantidade de tokens que possuem e que estão preparados para "apostar" como garantia. Em comparação com o PoW, este mecanismo oferece eficiência energética porque não requer muita capacidade de processamento. O PoS incentiva os validadores a serem verdadeiros na verificação dos resultados da segmentação, pois podem perder os tokens que apostaram se validarem informações falsas. Ao fornecer um incentivo financeiro que equaciona os interesses dos intervenientes com a integridade da rede, os resultados da segmentação são validados de forma fiável sem exigir os cálculos intensivos em energia associados à prova de trabalho (PoW).

Delegated Proof of Stake (DPoS) Um modelo representativo denominado Delegated Proof of Stake (DPoS) permite que as partes interessadas seleccionem delegados que irão adicionar blocos e validar transacções. Os delegados são escolhidos com base na sua reputação, o que melhora a escalabilidade e a eficiência ao validar os resultados da segmentação de imagens.

Tolerância prática a falhas bizantinas (PBFT): Para situações em que é necessário um rendimento elevado e uma latência baixa, como a verificação dos resultados da segmentação de imagens em tempo real, a tolerância prática a falhas bizantinas (PBFT) é a melhor opção. Para manter a segurança e a robustez da rede, o PBFT tolera um certo número de nós maliciosos ou com mau funcionamento, a fim de garantir o consenso entre os nós. Uma vez que o PBFT pode chegar rapidamente a um consenso, é uma boa opção para aplicações em que é importante validar imediatamente os resultados da segmentação, garantindo uma verificação precisa e atempada dos dados.

Mecanismos de consenso híbridos: O objetivo dos mecanismos de consenso híbridos é encontrar um equilíbrio entre segurança, eficiência e descentralização, combinando elementos de vários algoritmos, incluindo PBFT, PoW e PoS. Esses mecanismos aumentam a resiliência e o desempenho geral da rede, adaptando-se a diferentes requisitos de validação e oferecendo flexibilidade na verificação dos resultados da segmentação. As redes Blockchain podem melhorar os procedimentos de validação que são personalizados através da utilização de mecanismos de consenso híbridos.

16. Aplicações e casos de utilização do armazenamento e partilha descentralizados de dados

A tecnologia Blockchain está a revolucionar uma série de indústrias, particularmente aquelas que necessitam de soluções de gestão de dados seguras, eficazes e legais. A Blockchain resolve problemas importantes de segurança de dados, colaboração e conformidade regulamentar no sector dos cuidados de saúde, especialmente na imagiologia médica. São necessárias medidas de proteção rigorosas para a confidencialidade dos pacientes e a integridade dos dados, uma vez que a imagiologia médica gera dados sensíveis que são essenciais para o diagnóstico e a investigação. Ao fornecer opções de armazenamento descentralizadas, como Filecoin ou IPFS, a blockchain ajuda a reduzir os riscos associados ao acesso não autorizado e às violações, garantindo que as imagens médicas sejam compartilhadas com segurança em toda a rede. Além disso, ao aplicar protocolos rigorosos para garantir que apenas as entidades autorizadas podem aceder aos dados dos pacientes, a utilização de contratos inteligentes da cadeia de blocos permite uma gestão precisa dos metadados e o controlo do acesso. Os prestadores de cuidados de saúde podem beneficiar de uma maior segurança dos dados e de uma colaboração global simplificada, utilizando o livro-razão imutável da cadeia de blocos.

A tecnologia Blockchain é essencial para lidar com volumes maciços de dados de sensores no domínio dos veículos autónomos (AV), que são necessários para tomar decisões em tempo real. Todos os dias, os veículos autónomos (AV) produzem enormes quantidades de dados, incluindo imagens e leituras de sensores. Este facto apresenta dificuldades no processamento em tempo real e na gestão do volume de dados. Soluções baseadas em blockchain, como sistemas de armazenamento descentralizados como Sia ou Storj, garantem escalabilidade e confiabilidade no armazenamento seguro de dados de AVs. A integridade e a proveniência dos dados dos sensores são garantidas pelas capacidades inerentes da cadeia de blocos para registar transacções de dados e metadados, o que é essencial para preservar a fiabilidade e a segurança dos sistemas autónomos. Os contratos inteligentes automatizam ainda mais os acordos de partilha de dados entre investigadores, fabricantes de veículos autónomos e agências reguladoras, permitindo uma cooperação harmoniosa e a adesão a regulamentos de segurança em constante mudança. No campo em rápido desenvolvimento da tecnologia de veículos autónomos, esta integração de blockchain promove a inovação colaborativa, garante a integridade dos dados e melhora a escalabilidade.

As capacidades da Blockchain também beneficiam grandemente as aplicações de vigilância e segurança, especialmente quando se trata de gerir dados de imagem e vídeo para monitorização de infra-estruturas e segurança pública. Os sistemas de monitorização dependem da análise instantânea de dados para identificar irregularidades ou potenciais perigos, exigindo assim soluções sólidas em termos de proteção de dados, confidencialidade e abertura. As imagens de vigilância podem ser armazenadas de forma segura com soluções de armazenamento descentralizadas baseadas em blockchain, como IPFS ou Storj, reduzindo o risco de manipulação de dados ou acesso não autorizado. A transparência e a responsabilidade são asseguradas através do registo dos registos de acesso e dos dados de vigilância num livro-razão imutável da cadeia de blocos. Isso permite que as partes interessadas monitorem o uso de dados e garantam a conformidade com os regulamentos de privacidade. Os dados de vigilância sensíveis são ainda protegidos por mecanismos de encriptação e de controlo de acesso habilitados para contratos inteligentes, que garantem que apenas indivíduos autorizados podem aceder e analisar dados.

A tecnologia Blockchain está a ser aplicada à imagiologia geoespacial para resolver problemas com conjuntos de dados de imagens em grande escala que são utilizados para monitorização ambiental, agricultura e planeamento urbano. Estes problemas incluem o armazenamento, a integridade e a acessibilidade. O armazenamento em nuvem distribuído baseado em blockchain e soluções de armazenamento descentralizado como o Filecoin são benéficos para imagens geoespaciais, que são frequentemente grandes e requerem um poder de processamento e armazenamento significativo. Investigadores, planeadores urbanos e cientistas ambientais podem aceder a dados geoespaciais actuais para análise e tomada de decisões graças ao armazenamento escalável e seguro destas plataformas. Os contratos inteligentes na cadeia de blocos permitem transacções de dados eficientes entre os utilizadores finais e os operadores de satélites, garantindo a exatidão e a fiabilidade dos dados para uma modelização e gestão ambiental precisas. A cadeia de blocos também gere os metadados e o controlo de acesso. Tudo considerado, a cadeia de blocos melhora a escalabilidade, a integridade e a acessibilidade mundial dos dados geoespaciais, promovendo o desenvolvimento sustentável e a tomada de decisões bem informadas em todo o lado.

A tecnologia Blockchain está a provar ser um fator de mudança numa série de indústrias, incluindo a vigilância, os carros autónomos, os cuidados de saúde e a imagiologia geoespacial. Fornece soluções fiáveis para gerir dados sensíveis de forma segura, promover o trabalho em equipa, garantir a conformidade regulamentar e melhorar a eficiência operacional em ambientes complexos onde os dados são fundamentais.

17. Desafios e limitações do armazenamento e partilha descentralizados de dados

Embora as soluções descentralizadas de armazenamento e partilha de dados tenham muitas vantagens, há uma série de questões e restrições que têm de ser resolvidas antes de poderem ser amplamente utilizadas e de forma eficaz.

1. Desafios técnicos da integração

Interoperabilidade: Pode ser um desafio integrar opções de armazenamento descentralizadas (como IPFS, Storj e Filecoin) com sistemas e software de TI actuais. Pode haver problemas de compatibilidade que exijam padronização.

Complexidade de implementação: São necessários conhecimentos técnicos para criar e manter redes descentralizadas, como nós de blockchain e nós de armazenamento. A complexidade aumenta quando é necessário garantir a consistência e a fiabilidade dos dados numa rede dispersa.

Fragmentação de dados: Os dados são frequentemente divididos em partes mais pequenas e dispersos entre nós no armazenamento descentralizado. Pode ser difícil gerir e recuperar eficazmente dados fragmentados sem sacrificar o desempenho.

2. Problemas de escalabilidade

Desempenho da rede: À medida que as redes descentralizadas se expandem, torna-se cada vez mais importante manter o seu desempenho (por exemplo, velocidade de processamento de transacções, velocidade de recuperação de dados). A experiência do utilizador e a acessibilidade dos dados podem ser afectadas por problemas de congestionamento e latência da rede.

Capacidade de armazenamento: A expansão e otimização constantes são necessárias para garantir que a rede descentralizada tem capacidade de armazenamento suficiente para lidar com volumes de dados crescentes, especialmente em aplicações como veículos autónomos ou cuidados de saúde.

Incentivos económicos: Continua a ser difícil manter uma capacidade de armazenamento suficiente e, ao mesmo tempo, recompensar os fornecedores de armazenamento (como os mineiros de Filecoin), mantendo os custos e as recompensas sob controlo.

3. Custos gerais de computação

Encriptação e desencriptação de dados: As despesas de computação associadas à encriptação e desencriptação de dados para uma transmissão e armazenamento seguros podem ter impacto na capacidade de resposta e no desempenho do sistema.

Mecanismos de consenso da cadeia de blocos: A eficiência da rede como um todo é afetada pelos algoritmos de consenso (como o Proof of Work e o Proof of Stake) utilizados nas redes de cadeias de blocos, que exigem recursos computacionais para a validação das transacções e a criação de blocos.

Execução de contratos inteligentes: Os contratos inteligentes complexos que são utilizados para a partilha de dados, controlo de acesso e pagamentos podem necessitar de uma grande quantidade de poder de processamento, o que terá impacto na latência e no rendimento das transacções.

4. Preocupações legais e regulamentares

Privacidade e soberania de dados: Partilhar e armazenar dados sensíveis em redes descentralizadas pode ser difícil quando se adere às leis de proteção de dados (como a GDPR e a HIPAA). É imperativo garantir a privacidade dos dados, a soberania e os procedimentos de consentimento do utilizador.

Questões de jurisdição: A conformidade legal e a resolução de litígios são dificultadas nas redes descentralizadas, onde os dados e os nós estão dispersos internacionalmente, quando se trata de determinar a jurisdição legal e a responsabilidade.

Incerteza regulamentar: As empresas e organizações que implementam tecnologias descentralizadas enfrentam riscos e incertezas devido à evolução dos quadros regulamentares que envolvem estas tecnologias. A adoção a longo prazo de regulamentos depende da sua consistência e clareza.

O campo da segmentação de imagens e das tecnologias relacionadas está a atravessar um cenário dinâmico de avanços e inovações que têm o potencial de transformar completamente uma série de indústrias. Estão a ser feitos progressos significativos graças aos desenvolvimentos na aprendizagem profunda e na IA. Um exemplo é a integração da segmentação com outras tarefas em modelos unificados de aprendizagem profunda. Este método, designado por aprendizagem de ponta a ponta, melhora a eficiência ao combinar várias tarefas num único modelo, como a deteção de objectos ou a legendagem de imagens.

Além disso, ao utilizar etiquetas fracas ou conhecimento do domínio, métodos como a aprendizagem fracamente supervisionada reduzem a dependência de dados anotados, acelerando a formação e a implementação de modelos. Ao produzir máscaras de segmentação realistas, as Redes Adversárias Generativas (GAN) melhoram ainda mais a precisão da segmentação e suportam um desempenho estável do modelo numa variedade de cenários e conjuntos de dados.

Outra fronteira para melhorar a robustez e a precisão da segmentação é a segmentação de imagens multi-modais e multi-espectrais. As técnicas de fusão facilitam uma compreensão mais completa de cenas e ambientes complexos, integrando dados de várias fontes, incluindo imagens RGB, mapas de profundidade e sensores de infravermelhos. Ao adaptar modelos pré-treinados de uma modalidade para outra, as técnicas de aprendizagem por transferência aceleram a implementação de modelos em novos domínios e minimizam a necessidade de grandes conjuntos de dados rotulados.

As tecnologias de segmentação interactiva e em tempo real são essenciais para aplicações que requerem a interação do utilizador e a tomada rápida de decisões. A segmentação em tempo real em ambientes dinâmicos, como os veículos autónomos e a realidade aumentada, é possível graças a ganhos de eficiência através de modelos leves, permitindo sistemas reactivos e adaptáveis. Para garantir que as aplicações baseadas em IA satisfazem os requisitos operacionais específicos e as preferências dos utilizadores, as ferramentas interactivas que permitem aos utilizadores fornecer feedback em tempo real sobre os resultados da segmentação ajudam na melhoria iterativa e na personalização.

Particularmente revolucionários são os desenvolvimentos na segmentação semântica de dados 3D e volumétricos em sectores como a robótica e a imagiologia médica. Os avanços nas técnicas de segmentação de exames médicos 3D permitem um diagnóstico e um planeamento de tratamento mais precisos, separando órgãos, tumores e estruturas anatómicas. Do mesmo modo, a segmentação de nuvens de pontos 3D a partir de sensores LiDAR melhora a perceção espacial e a eficiência operacional numa variedade de ambientes e suporta aplicações em robótica, planeamento urbano e realidade virtual.

As técnicas que mantêm a privacidade, como a aprendizagem federada e a aprendizagem segura, são essenciais para salvaguardar a informação privada e facilitar a formação de modelos de segmentação interinstitucionais. A incorporação da tecnologia blockchain promove a conformidade e a confiança nos procedimentos de tratamento de dados, garantindo a integridade e a privacidade dos dados em imagens segmentadas através de fortes mecanismos de verificação e controlo de acesso.

No futuro, novos desenvolvimentos, como a segmentação utilizando IA explicável, esperam melhorar a interpretabilidade e a transparência, revelando como os modelos de IA tomam decisões. Para aumentar a precisão da segmentação em cenários dinâmicos, as abordagens de segmentação adaptativas e sensíveis ao contexto integram a dinâmica temporal ou o contexto ambiental. Ao utilizar dados não rotulados para treinar modelos de segmentação, as técnicas de aprendizagem auto-supervisionada reduzem a necessidade de conjuntos de dados anotados e aumentam a sua aplicabilidade numa variedade de contextos.

Para garantir a equidade e a inclusão nos resultados da segmentação, os esforços concentram-se em atenuar os enviesamentos nos dados de formação e nos algoritmos. Isto é especialmente importante em aplicações sensíveis como os cuidados de saúde e a vigilância. Para desenvolver modelos de segmentação contextualmente conscientes que sejam adequados a uma variedade de aplicações e necessidades dos utilizadores, são essenciais parcerias entre a indústria e a academia e oportunidades de investigação em colaboração em domínios interdisciplinares. A criação de redes internacionais de colaboração e a normalização dos critérios de avaliação incentivam a abertura e a coerência, o que estimula a criatividade e escolhas bem informadas no domínio das tecnologias de segmentação.

Embora a cadeia de blocos seja mais conhecida pelo seu papel nas moedas criptográficas, tem potenciais utilizações em várias áreas, como a segmentação de imagens. Nesta situação, a cadeia de blocos pode ser aplicada das seguintes formas:

1. Proveniência e integridade dos dados

A proveniência e a integridade dos dados de imagem utilizados para a segmentação podem ser garantidas pela tecnologia de cadeia de blocos. Podemos fazer o seguinte, armazenando os dados de imagem e os resultados da segmentação na Blockchain

- **Verificar a autenticidade**: Verifique o hash na cadeia de blocos para se certificar de que a imagem não foi alterada.
- **Controlar a propriedade**: Manter um registo transparente e inalterável de quem possui o quê e quando.

- **Dados seguros**: Assegurar que, uma vez registada, a informação permanece inalterada e protegida contra alterações indesejadas.

2. Partilha descentralizada de dados

A cadeia de blocos permite partilhar resultados de segmentação e dados de imagem de forma descentralizada:

- **Partilha segura**: Sem uma autoridade centralizada, partilhar de forma segura conjuntos de dados de imagens através de uma rede.
- **Contribuição Incentivada**: Dar tokens a pessoas que forneçam algoritmos de segmentação de alta qualidade ou imagens rotuladas.
- **Armazenamento distribuído**: Utilizar sistemas de armazenamento baseados em blockchain como o IPFS (InterPlanetary File System) para armazenar conjuntos de dados de imagens maciças de forma distribuída.

3. Modelos de segmentação colaborativa

A cadeia de blocos permite o desenvolvimento de modelos de segmentação cooperativa:

- **Contratos inteligentes**: Utilize contratos inteligentes para automatizar e manter acordos entre participantes em modelos de segmentação e formação.
- **Sistemas de reputação**: Para garantir a qualidade e a confiança, manter um sistema de reputação para os colaboradores (etiquetadores de dados, criadores de modelos, etc.).
- **Treinamento descentralizado**: Para garantir a abertura e a distribuição equitativa de recompensas, utilizar a tecnologia blockchain para organizar a formação descentralizada de modelos de segmentação.

4. Aprendizagem federada

A aprendizagem federada para a segmentação de imagens pode ser apoiada por cadeias de blocos:

- **Preservação da privacidade**: Sem revelar os dados reais, os modelos de segmentação podem ser treinados em conjuntos de dados locais, mantendo a privacidade.

- **Mecanismos de consenso**: Para garantir a exatidão e a fiabilidade, combine as actualizações de modelos de vários nós utilizando os mecanismos de consenso da cadeia de blocos.
- **Incentivos à participação**: Oferecer prémios aos indivíduos que doem os seus dados e capacidade de computação para treinar o modelo global.

5. Auditabilidade e conformidade

A tecnologia Blockchain oferece um registo de auditoria permanente.

- **Conformidade regulamentar**: Mantenha um registo inalterável de todas as operações de processamento e segmentação de dados para garantir a conformidade regulamentar.
- **Trilhas de auditoria**: Facilitar a capacidade de os auditores controlarem a origem e as alterações dos dados de imagem e os resultados da segmentação.

6. Interoperabilidade

A tecnologia Blockchain pode melhorar o funcionamento conjunto de vários sistemas de segmentação de imagens:

- **Padronização**: Utilizar a tecnologia blockchain para estabelecer protocolos uniformes para a troca de dados e modelos.
- **Integração entre plataformas**: Promover a comunicação e a colaboração entre várias organizações e plataformas.

Há várias etapas importantes envolvidas na implementação da tecnologia blockchain em imagens médicas para verificação e segmentação seguras. As imagens médicas começam por ser obtidas através de equipamento como a ressonância magnética, a tomografia computorizada ou as máquinas de raios X. Posteriormente, a informação identificável é removida ou encriptada destas imagens para salvaguardar a privacidade do paciente. Depois disso, um blockchain é usado para armazenar as fotos pré-processadas, garantindo a proveniência e a integridade dos dados. Cada imagem passa por um processo de hashing, e seu hash é documentado na blockchain, gerando um documento imutável que pode autenticar a imagem. Juntamente com as imagens originais, os resultados da segmentação - que são fundamentais para o diagnóstico e tratamento - também são registados na cadeia de blocos.

Como a blockchain facilita a partilha descentralizada de dados, os médicos podem aceder e distribuir com segurança estas imagens através de uma rede sem a necessidade de uma autoridade central. Os tokens podem ser atribuídos aos contribuidores que fornecem imagens rotuladas ou algoritmos de segmentação de alta qualidade, incentivando o envolvimento e garantindo a qualidade dos dados. O desenvolvimento colaborativo pode ser promovido através da utilização de contratos inteligentes para automatizar e aplicar acordos entre as partes envolvidas na formação de modelos de segmentação. Para garantir ainda mais a fiabilidade e a qualidade, pode ser mantido na cadeia de blocos um sistema de reputação para os contribuidores - tais como rotuladores de dados e criadores de modelos.

A tecnologia Blockchain pode facilitar a aprendizagem federada, que protege a privacidade ao permitir que os modelos de segmentação sejam treinados em conjuntos de dados locais sem transferir os dados reais. Os processos de consenso na tecnologia blockchain podem combinar actualizações de modelos de vários nós, garantindo a precisão e a fiabilidade do modelo global. As contribuições de dados e poder computacional para este processo de formação descentralizado podem ser recompensadas pelos participantes.

Além disso, a cadeia de blocos mantém um registo de todas as actividades de processamento e segmentação de dados, oferecendo assim uma pista de auditoria inalterável que garante a conformidade regulamentar. Esta pista de auditoria assegura a responsabilidade e a transparência, permitindo que os auditores acompanhem as alterações efectuadas aos resultados da segmentação e aos dados de imagem. Além disso, ao padronizar protocolos para troca de dados e modelos, a blockchain pode melhorar a interoperabilidade entre vários sistemas de segmentação de imagens, permitindo a integração e a cooperação entre diferentes plataformas e organizações. A tecnologia de cadeia de blocos tem o potencial de melhorar significativamente os processos de imagiologia médica e de segmentação em termos de segurança, transparência e eficiência através da utilização destas funcionalidades.

A divisão de uma imagem digital em vários segmentos para simplificar ou transformar a representação de uma imagem em algo mais significativo e mais fácil de analisar é conhecida como segmentação de imagens e é uma tarefa crítica na visão computacional. À medida que a segmentação de imagens se torna mais amplamente utilizada em diferentes sectores, é mais importante do que nunca garantir a rastreabilidade, integridade e segurança dos dados segmentados. As potenciais respostas a estes problemas podem ser encontradas na integração da tecnologia blockchain com a segmentação de imagens.

A tecnologia Blockchain oferece uma estrutura transparente e segura para registar transacções graças ao seu sistema de registo descentralizado e imutável. Os processos de segmentação de imagens podem obter uma integridade de dados melhorada através da utilização da cadeia de blocos. Cada imagem segmentada e os respectivos metadados podem ser registados na cadeia de blocos como uma transação, tornando simples a identificação e o rastreio de quaisquer modificações ou adulterações. Em aplicações delicadas como a imagiologia médica, em que a precisão e a fiabilidade dos dados segmentados são essenciais para o diagnóstico e o tratamento, esta imutabilidade é fundamental.

Além disso, a natureza descentralizada da cadeia de blocos elimina a necessidade de gestão e verificação de dados por uma autoridade central. Esta descentralização pode ajudar várias partes interessadas, incluindo investigadores, prestadores de cuidados de saúde e cientistas de dados a colaborar em tarefas de segmentação de imagens sem depender de um único ponto de controlo. Para promover a confiança e a cooperação, cada participante pode ver e adicionar dados segmentados, e as suas actividades podem ser documentadas abertamente na cadeia de blocos.

A segurança dos dados é melhorada pela combinação da tecnologia de cadeia de blocos com a segmentação de imagens, o que constitui outro benefício importante. Imagens segmentadas são suscetíveis a violações e acessos indesejados, pois frequentemente contêm informações confidenciais. Essas fotos podem ser protegidas pelas técnicas criptográficas do blockchain, que garantem que apenas as partes autorizadas possam visualizar e alterar os dados. Como a privacidade dos dados é tão importante em sectores como o financeiro e o da saúde, esta consideração de segurança é especialmente importante.

Conclusão

A tecnologia Blockchain também pode acelerar os procedimentos de auditoria e conformidade da segmentação de imagens. A natureza transparente e imutável dos registos da cadeia de blocos fornece um rasto auditável de todas as acções realizadas nos dados segmentados. As agências reguladoras e os auditores podem confirmar sem esforço a exatidão e a atualidade dos dados, garantindo a adesão às normas e diretrizes da indústria. Esta rastreabilidade pode melhorar a responsabilização geral e reduzir o tempo e os recursos necessários para as auditorias.

A funcionalidade de contratos inteligentes da tecnologia blockchain melhora ainda mais a segmentação de imagens. Estes contratos auto-executáveis têm a capacidade de automatizar tarefas em resposta a critérios predefinidos. Os contratos inteligentes podem ser utilizados no contexto da segmentação de imagens para automatizar alertas em caso de adulteração de dados, pagamentos pelo processamento de dados e partilha de dados segmentados. A eficiência desta automatização pode ser aumentada e pode ser necessária menos intervenção manual.

Além disso, a combinação da tecnologia de cadeia de blocos e da segmentação de imagens possibilita novas vias para a monetização e a conceção de incentivos. Num mercado baseado em cadeias de blocos, académicos e cientistas de dados podem trocar os seus conjuntos de dados segmentados e ser pagos pelo seu trabalho. A comunidade como um todo tem a ganhar com o potencial deste incentivo para estimular a inovação e a partilha de dados segmentados de alta qualidade.

A integração da tecnologia de cadeia de blocos com a segmentação de imagens apresenta alguns desafios, apesar dos seus muitos benefícios. Para garantir uma integração sem problemas, devem ser abordadas as preocupações com a latência potencial, a sobrecarga computacional das operações criptográficas e a escalabilidade das redes de blockchain. Para garantir uma ampla adoção, devem ser desenvolvidos protocolos e estruturas padronizados para combinar a segmentação de imagens e a blockchain.

Em conclusão, a combinação da tecnologia blockchain e da segmentação de imagens oferece uma maneira revolucionária de melhorar a segurança, a rastreabilidade e a integridade dos dados. A colaboração e a confiança das partes interessadas podem ser aumentadas nos processos de segmentação de imagens, utilizando a natureza descentralizada, imutável e transparente da tecnologia de cadeia de blocos. Embora ainda existam dificuldades, há esperança para o futuro avanço desta integração como um campo de estudo e investigação. O campo da segmentação de imagens está a tornar-se cada vez mais dependente de métodos precisos e seguros, pelo que a integração da tecnologia de cadeia de blocos pode ser crucial para o seu avanço.

Referências

1. Nakamoto, S. (2008). Bitcoin: Um sistema de dinheiro eletrónico peer-to-peer. Recuperado de https://bitcoin.org/bitcoin.pdf

2. Kaur, M., & Kaur, H. (2019). Uma revisão sobre técnicas de segmentação de imagens. *Jornal Internacional de Ciência da Computação e Tecnologias da Informação*, 10(3), 44- 48.

3. Zhuang, Y., Sheets, L. R., Chen, L., & Yu, Z. (2019). Blockchain para gerenciamento de dados descentralizado: Um novo paradigma para a troca de informações de saúde. *Journal of Biomedical Informatics*, 95, 103210. https://doi.org/10.1016/j.jbi.2019.103210

4. Chen, L., & Xu, L. (2020). Segmentação de imagem segura usando Blockchain e aprendizado federado. *IEEE Access*, 8, 21334-21344. https://doi.org/10.1109/ACCESS.2020.2968675

5. Goodfellow, I., Bengio, Y., & Courville, A. (2016). *Aprendizagem profunda.* MIT Press.

6. Ronneberger, O., Fischer, P., & Brox, T. (2015). U-Net: Redes convolucionais para segmentação de imagens biomédicas. Em *Computação de Imagens Médicas e Intervenção Assistida por Computador - MICCAI 2015* (pp. 234-241). Springer, Cham. https://doi.org/10.1007/978-3-319-24574-4_28

7. Wood, G. (2014). Ethereum: Um livro-razão seguro e descentralizado para transacções generalizadas. *Documento Amarelo do Projeto Ethereum*, 151(2014), 1-32.

8. Wang, H., Zhang, Y., & Xu, Z. (2019). Esquema de segmentação de imagem baseado em blockchain para aplicações médicas. Em *2019 Conferência Internacional do IEEE sobre Processamento de Imagem (ICIP)* (pp. 3237-3241). IEEE. https://doi.org/10.1109/ICIP.2019.8803390

9. Szegedy, C., Liu, W., Jia, Y., Sermanet, P., Reed, S., Anguelov, D., ... & Rabinovich, A. (2015). Indo mais fundo com convoluções. Em *2015, Conferência do IEEE sobre visão computacional e reconhecimento de padrões (CVPR)* (pp. 1-9). IEEE. https://doi.org/10.1109/CVPR.2015.7298594

10. Vukolić, M. (2016). A busca por um tecido de blockchain escalável: Prova de trabalho vs. Replicação BFT. No *Workshop Internacional sobre Problemas Abertos em Segurança de Rede* (pp. 112-125). Springer, Cham. https://doi.org/10.1007/978-3-319-39028-4_9

11. Zhang, P., White, J., Schmidt, D. C., Lenz, G., & Rosenbloom, S. T. (2018). FHIRChain: Aplicando Blockchain para compartilhar dados clínicos de forma segura e escalonável. Jornal de Biotecnologia Computacional e Estrutural, 16, 267-278. https://doi.org/10.1016/j.csbj.2018.07.004

12. Ismail, L., & Materwala, H. (2019). Uma revisão da arquitetura Blockchain e dos protocolos de consenso: Use Cases, Challenges, and Solutions. Symmetry, 11(10), 1198. https://doi.org/10.3390/sym11101198

13. Mohanty, S., Panda, S., Pati, B., & Sahoo, P. (2018). Uma pesquisa sobre segmentação de imagens e suas técnicas de tendências recentes. Revista Internacional de Pesquisa em Engenharia e Tecnologia, 7(2), 41-47.

14. Liu, L., Zhang, Q., & Li, H. (2020). Segmentação de imagens médicas segura e com preservação da privacidade com base em Blockchain. *Sistemas de Computação de Geração Futura*, 109, 66- 75. https://doi.org/10.1016/j.future.2020.03.048

15. Alzubaidi, L., & Kalash, M. (2021). Modelos de aprendizagem profunda para segmentação de imagens biomédicas: Métodos e aplicações. *Métodos e Programas de Computador em Biomedicina*, 199, 105897. https://doi.org/10.1016/j.cmpb.2020.105897

16. Lakhani, P., & Sundaram, B. (2017). Aprendizagem profunda na radiografia de tórax: Classificação automatizada de tuberculose pulmonar usando redes neurais convolucionais. *Radiologia*, 284(2), 574-582. https://doi.org/10.1148/radiol.2017162326

17. Gupta, V., & Gupta, S. (2020). Tecnologia Blockchain para segurança de dados na área da saúde. *Journal of Advances in Information Technology*, 11(2), 59-65. https://doi.org/10.12720/jait.11.2.59-65

18. He, K., Zhang, X., Ren, S., & Sun, J. (2016). Aprendizagem residual profunda para reconhecimento de imagens. Em *2016, Conferência IEEE sobre Visão Computacional e Reconhecimento de Padrões (CVPR)* (pp. 770-778). IEEE. https://doi.org/10.1109/CVPR.2016.90

19. Patil, P., Joshi, M., & Agarwal, P. (2019). Blockchain na área da saúde: Uma revisão da literatura, classificação sintetizada e direções de pesquisa futuras. *Computadores em Biologia e Medicina*, 115, 103620. https://doi.org/10.1016/j.compbiomed.2019.103620

20. Yang, G., Liu, Y., Jiang, S., & Xu, H. (2018). Estrutura descentralizada baseada em blockchain para redes definidas por software. *Journal of Network and Computer Applications*, 118, 68-78. https://doi.org/10.1016/j.jnca.2018.07.012

Printed by Books on Demand GmbH, Norderstedt / Germany